Las regletas

Los dossiers de María Antonia Canals

Las regletas

María Antonia Canals

Dossiers

110

Las regletas. Los dossiers de María Antonia Canals

Primera edición publicada por: ©Associació de Mestres Rosa Sensat (2011)

Primera edición: enero de 2026

© Maria Antònia Canals

© De esta edición:

Ediciones OCTAEDRO, S.L.
C/ Bailén, 5 – 08010 Barcelona
Tel.: 93 246 40 02
www.octaedro.com
octaedro@octaedro.com

Associació de Mestres Rosa Sensat
Avda. Drassanes, 3 – 08001 Barcelona
Tel.: 93 481 73 81
www.rosasensat.org
publicacions@rosasensat.org

ISBN: 978-84-1079-291-3
Depósito legal: B 2081-2026

Disseño portada: CLIC TRAÇ
Disseño y maquetación: Núria Hortal
Fotografias: Rafel Bosch
Producción: Editorial Octaedro

Impresión: Ulzama

Impreso en España
Printed in Spain

Índice

BLOQUE III. Números cuadrados y cúbicos 59

Orientaciones didácticas y actividades 61

Anexos 77

Prólogo

Quiero dedicar estos dossiers a todos los maestros y maestras que los tenéis en la mano, con el deseo de que os sugieran muchas más actividades y nuevos pasos hacia adelante. Me gustaría que os contagiaran una parte de mi esperanza ilusionada por ir mejorando los aprendizajes de nuestros niños y niñas. Es, en definitiva, a ellos y a ellas a quienes van dirigidos.

Estos dossiers vienen a ser una recopilación de mi larga trayectoria en el mundo de la educación matemática: se han ido gestando a lo largo de toda mi vida como maestra y han podido nacer al calor del GAMAR, el Gabinete de Materiales y de Investigación de la Universidad de Girona, que me está permitiendo vivir una vejez feliz y espero que fecunda.

En primer lugar, he de expresar mi agradecimiento a la Asociación de Maestros Rosa Sensat, a la que me siento unida desde sus inicios, por la acogida que tuve cuando les planteé la idea de esta publicación, y a la Fundación Girona Universidad y Futuro por su interés y apoyo. Ambas instituciones me han mostrado su confianza, lo que ha supuesto un importante aliento en mi trabajo.

También quiero agradecer la colaboración de algunos compañeros y compañeras maestros, o maestros en potencia, que con su ayuda han hecho posible el logro de preparar todos los dossiers en un año. De esta manera pudimos presentarlos en el marco de un acontecimiento colectivo importante, las XIV JAEM (Jornadas de Aprendizaje y Enseñanza de las Matemáticas de España) que se celebraron en Girona en el 2009.

En este dossier, que es el último de la colección, aunque no el último que se presenta al público, quiero agradecer de manera especial la colaboración y la actitud de muchos y muchas maestras que, desde que aparecieron mis regletas, hace ya bastantes años, han confiado en ellas y las han utilizado en sus escuelas. Son tantos que me resulta imposible nombrarlos aquí. Con todos ellos nos hemos ido animando mutuamente para continuar trabajando con este material.

Entre otros colaboradores, agradezco especialmente al fotógrafo y amigo Rafel Bosch su trabajo, tan lleno de arte y de buena técnica, que ha enriquecido los dossiers con imágenes agradables y de gran calidad, haciéndolos así más atractivos.

Quiero recordar también a los compañeros y compañeras de los colectivos más cercanos a mi labor: el grupo Perímetre de Girona, el grupo Asimètric del Bages, la ADEMGI (Asociación de Enseñantes de Matemáticas de Girona) y la Federación Española de Sociedades de Profesores de Matemáticas, porque estoy segura de que todos y todas los acogeréis con estima.

Y, sobre todo, no puedo dejar de pensar en los centenares y miles de estudiantes de magisterio, de alumnos de escuela, en los sobrinos, sobrinas y otros niños y niñas, que son, sin duda alguna, los que más cosas me han enseñado.

María Antonia Canals
Girona
Marzo de 2011

Presentación

Las regletas numéricas María Antonia Canals son unas regletas de madera de colores que representan los diez primeros números naturales, sus cuadrados y sus cubos. Sus magnitudes son una expresión realista de las cantidades, con una característica importante: las unidades que las forman no están marcadas, lo que favorece el paso al cálculo mental.

- Los números se representan con regletas de 1 centímetro cuadrado de sección. Su longitud equivale en centímetros al número que representa, y sus colores son:
  - El 1 (un dado de 1 centímetro de arista) es de color de madera natural.
  - A los números 2, 4 y 8 (de la familia del 2) les corresponde la gama rosa, rojo y granate.
  - A los números 3 y 9, les corresponden los colores azul claro y azul oscuro.
  - El 6 (familia del 2 y del 3) es de color lila, mezcla de rosa y azul.
  - El 5 es verde, y el 7, amarillo.
  - El 10 es de color marrón, mezcla de rosa y verde (puesto que 10 es 2 × 5).
- Los cuadrados de los números son placas cuadradas, de 1 centímetro de grosor cada una, y con lados del color y la longitud correspondiente.
- Los cubos también tienen la arista en centímetros y su color corresponde a los números del 1 al 10.

Hay diversos tipos de regletas en el mercado, pero lo que caracteriza a las nuestras es precisamente el hecho de reunir en un mismo material estas tres peculiaridades: representar cada número con un color propio, no llevar marcadas las unidades y disponer de regletas sencillas y de los cuadrados y cubos de los diez primeros números naturales.

Se presentan en tres cajas de madera, con la distribución y el número de unidades necesarias para poder trabajar con comodidad. Su contenido es el siguiente:
- Caja 1: las regletas lineales, del 1 al 10. Esta caja incluye las decenas y es necesaria durante toda la primaria y hasta los catorce años.
- Caja 2: los cuadrados (las placas) de los diez primeros números, desde el cuadrado del 1 hasta el del 10, que es la centena. Para utilizar a partir de los ocho años.
- Caja 3: los cubos de los diez primeros números naturales, es decir, hasta el cubo de 10, que es el millar. Recomendables a partir de los diez años.

Con estas cajas podemos confeccionar diferentes paquetes para trabajar en función de los niveles educativos de cada centro y en dos o tres aulas de forma simultánea. Recomendamos, como paquete mínimo necesario para una escuela de primaria de una sola línea, tres unidades de la caja 1, dos de la caja 2 y una de la 3.

Objetivos

Podríamos destacar como principales objetivos:

- Ayudar a los niños y niñas a familiarizarse con los números naturales, conocerlos en profundidad y quererlos.
- Experimentar y descubrir relaciones entre los números, sus cuadrados y sus cubos.
- Visualizar las operaciones y favorecer su práctica.
- Hacer estimación de resultados y discutir diferentes soluciones.
- Fundamentar el razonamiento a partir de la manipulación.
- Favorecer la imaginación de los números y su expresión verbal.
- Adquirir agilidad en el cálculo mental.

- Facilitar el paso al lenguaje matemático escrito, aprendiendo el significado real de los signos.
- Investigar cuestiones numéricas, que son como los «misterios» de los números.
- Descubrir propiedades de las operaciones y estrategias numéricas.
- Trabajar la superficie y el volumen al utilizar representaciones de una, dos y tres dimensiones, y especialmente al relacionar los cuadrados entre ellos y los cubos entre ellos.

> Resumiendo, podemos decir que las regletas numéricas, además de resultar eficaces para la comprensión de conceptos, potencian muchas de las habilidades características del saber matemático y, de esta manera, favorecen la adquisición progresiva de la competencia numérica.

Habilidades propias de la competencia numérica:

- **Observación de las relaciones lógicas y numéricas** a partir de las experiencias concretas, puesto que en las edades de primaria «son las acciones sobre los objetos las que desencadenan el pensamiento» (Diseño C. B. de Catalunya).
- **Expresión verbal** de las acciones realizadas y de las relaciones halladas, lo que ayuda a «concretar el pensamiento».
- **Planteamiento de interrogantes** y utilización de métodos heurísticos para resolverlos, provocando una respuesta eficaz de los alumnos.
- **Análisis de la información recibida** para poder actuar en consecuencia y para dar nuevos pasos.
- **Estimación**, es decir, anticipación de resultados. Practicada a menudo, cuando los alumnos ya se han familiarizado con una actividad, favorece la interiorización.
- **Investigación y descubrimiento** de propiedades numéricas. Ésta es, probablemente, la habilidad clave del saber matemático que los alumnos han de ir trabajando de manera progresiva desde las edades del pensamiento concreto.
- **Búsqueda de estrategias**, aplicables directamente al **cálculo mental**.
- **Paso de la acción al cálculo escrito**, con la correcta aplicación de un lenguaje matemático del que se conoce el significado real.

La mayor parte de estas habilidades pueden aparecer en cada una de las actividades que presentaremos en este dossier y conviene ir trabajándolas en toda la etapa de primaria. Con esto no queremos decir que sea conveniente insistir en todas ellas cada vez que se utilice el material. Se pueden ir alternando en función de las posibilidades de los alumnos y, sobre todo, aprovechando cada situación concreta y siguiendo la iniciativa del maestro.

Hemos organizado el contenido de este dossier en tres bloques:

- **Bloque I. Sumando y restando**
- **Bloque II. Multiplicando y dividiendo**
- **Bloque III. Números cuadrados y cúbicos**

En cada bloque encontraréis:

- Un índice con los diferentes temas parciales que se tratan y de los materiales, actividades y anexos correspondientes.
  Cada uno va encabezado con el título (o similar) y con el segundo grupo de letras del código que lo identifica en la página web del GAMAR (http://gamar.udg.edu). A nuestro dossier le corresponde la pestaña que en la web denominamos «Cálculo», en la que se engloban: el conocimiento de los números, identificado con las letras NO, y las operaciones, con OP. Estos dos aspectos se relacionan siempre, y a menudo se presentan de manera alterna.
- Una parte central, ORIENTACIONES DIDÁCTICAS, que engloba dos aspectos: la presentación de cada uno de los tipos generales de problemas que se reúnen en el bloque, con el papel que ejercen en la educación matemática, y el detalle de los diversos tipos de problemas concretos, dentro de cada tipo general, con sus objetivos específicos.
- Una última parte, ANEXOS, con una muestra de tres o cuatro ejemplos de cada uno de los tipos de problemas propuestos en la segunda parte.

Bloque I

Sumando y restando

Índice Bloque I

Orientaciones didácticas y actividades

Como la suma y la resta son las primeras operaciones que se trabajan en la escuela, podríamos pensar que este tema está repetido, puesto que ya lo hemos trabajado en el dossier 101, *Primeros números y primeras operaciones*. Sin embargo, entonces hablamos de los diferentes aspectos de estas operaciones de manera global y detallada, empezando por los fundamentos de su aprendizaje, a partir de las capacidades lógicas, y enfocándolo desde diferentes puntos de vista y con diferentes materiales. Os recomendamos tener en cuenta todo aquello antes de continuar.

En este dossier, y concretamente en este primer bloque, volveremos a hablar de algunos aspectos de los números y de las operaciones de sumar y restar, pero ahora lo haremos refiriéndonos exclusivamente al uso de las regletas numéricas, un material muy valioso del cual en los dossiers anteriores no hemos podido hablar suficientemente. No debe sorprender, por tanto, que en algunos temas aparezca el código NO, correspondiente al «conocimiento de los números», y en otros el OP, correspondiente a las «operaciones».

Recordemos que en todos los casos estos códigos y sus números coinciden con los de la página web del GAMAR. Si dos temas del dossier se refieren al mismo ítem de la web, significa que se ha desdoblado el contenido para poderlo tratar con mayor profundidad. Deseamos que ello no sea un motivo de confusión para el lector, de ahí nuestra advertencia antes de seguir.

1. PRIMER CONTACTO CON LAS REGLETAS. RELACIONES NUMÉRICAS. SIGNOS DE RELACIÓN   GAMAR NO-19

El primer contacto con las regletas requiere un tiempo, aunque no demasiado largo. Lo primero que deben aprender los niños y niñas es el valor de cada una, en primer lugar comparándolas con las unidades («en ésta se cogerían cinco unidades, por tanto, es el 5...») y después pidiéndoles que indiquen la que corresponde a cada uno de los números que vamos diciendo. Es un ejercicio de memoria en el que el color de cada regleta ayuda mucho. Hacia los seis años —que, como ya hemos dicho en la presentación del tema, es la edad apropiada para introducir este material—, niños y niñas suelen familiarizarse fácilmente con la identidad de cada una de las regletas que representan los números del 1 al 10.

Una vez hecho esto, una de las siguientes actividades ha de ser comparar números entre sí, ya que es la base del conocimiento tanto de los números como de las operaciones. Suponemos que ya habrán practicado y superado esta actividad en la etapa de la educación infantil, utilizando materiales que consten de unidades sueltas. Recomendamos consultar el dossier 101, que trata en profundidad este tema.

Ahora podemos pasar a comparar números representados por regletas, hasta el 20, o más allá, según el trabajo que hayan hecho con la base de numeración decimal.

Para establecer la relación entre dos números con las regletas, hemos de seguir los pasos siguientes:

OBSERVACIÓN Y DECISIÓN

Consiste simplemente en proponer a los alumnos que cojan las regletas necesarias para representar dos números que les digamos, que las pongan una al lado de la otra, que se las miren bien y que digan cuál creen que es más grande de las dos y cuál la más pequeña.

Éste es un primer paso de observación para el cual niños y niñas deberían tener adquiridos dos importantes hábitos de trabajo propios de su edad:

- Tener la suficiente coordinación motriz para saber poner correctamente las regletas juntando sus lados y haciendo que empiecen ambas en un mismo punto.
- Poner atención en lo que observan y responder después de pensar.

Al principio, lo que en realidad comparan es la longitud de las regletas, así que deberemos vigilar para que de aquí pasen, paulatinamente, en una primera abstracción, a la comparación de las cantidades.

EXPRESIÓN ORAL

Después de la manipulación del material, animamos a los alumnos a explicar lo que han visto. Es necesario que se sientan libres de explicarlo a su manera, seguros de que nosotros aceptaremos todo lo que digan mientras previamente lo hayan pensado. Con el diálogo iremos mejorando sus expresiones y al cabo de poco tiempo ya podremos pedirles que hagan frases correctas.

EXPRESIÓN ESCRITA

Después, podemos decir a los niños y niñas que hay unos signos matemáticos para expresar por escrito lo que han dicho. No hay que proceder siempre a la escritura de las relaciones justo después de la actividad de expresión oral. El momento para hacerlo es optativo y puede variar según el criterio de cada maestro, aunque aquí lo hacemos a continuación.

Cuando introducimos la escritura de las relaciones que han hecho, se trata de dar a los niños y niñas una información que tienen que aprender. El conocimiento y uso de unos signos universalmente admitidos es un hecho cultural. En estos momentos estamos enseñando un lenguaje matemático consistente en unos signos que ponemos entre los números escritos (los primeros signos numéricos que ya conocen). Los que ahora les presentamos son:

- El signo =, que sirve para decir *igual,* y, con la misma categoría respecto a la relación, el signo ≠, que sirve para decir *no igual* o bien *diferente.*

Conviene introducirlos y trabajarlos simultáneamente.
- Los signos > y <, que quieren decir, respectivamente, *más grande que* y *más pequeño que.*

CONSOLIDACIÓN DE LO QUE HEMOS APRENDIDO

Finalmente, conviene completar todo esto con algunas actividades de consolidación, que pueden hacerse al día siguiente o en días sucesivos.

 **ACTIVIDADES**

MANIPULACIÓN

Primero comparamos números dígitos, es decir, que cada uno se representa con una sola regleta. Después, y a medida que los niños y niñas se vayan familiarizando con las decenas y unidades, convendrá comparar todo tipo de números, sea cual sea el número de decenas que tengan.

Ejemplo: comparamos el 19 y el 31.

Justamente esto nos puede servir de base para comprender mejor un aspecto interesante de la base decimal de numeración: con números de dos cifras, el mayor es siempre el que tiene la cifra de las decenas más grande (al principio, a veces, a los niños aún les parece extraño que el 31 sea más grande que el 19 porque «el nueve cuenta mucho»).

COMPARACIÓN
Coged las regletas necesarias para hacer los números **19 y 31.**
– ¿Cuál es el más grande de los dos?
– ¿Cuál es el más pequeño de los dos?

EXPRESIÓN ORAL
Ejemplos de expresiones de niños y niñas:
– «El 12 es más corto de lo que pensaba».
– «El 15 resulta más largo…».

Conducimos a los niños a decir *pequeño* y *grande*, en vez de *largo* y *corto*, ya que se trata de números.
– El 19 y el 31 **no son iguales**, son **diferentes.**
– El 31 es **el más grande.**
– El 19 es **más pequeño** que el otro. Es el más pequeño de los dos.

EXPRESIÓN ESCRITA
Ahora aprenderemos cómo se escribe con signos matemáticos todo lo que hemos dicho:
$19 \neq 31$ $31 > 19$ $19 < 31$

CONSOLIDACIÓN DE LO QUE HEMOS APRENDIDO
En cada frase escribid SÍ o NO para decir si es verdad o mentira.
Después poned el signo escrito que convenga y coged las regletas para comprobar.

– El 5 es más grande que el 7.   5   7
– El 9 es más pequeño que el 13.   9   13
– El 15 no es igual que el 51.   15   51

En el anexo NO-19 encontraréis esta actividad preparada para presentar a los alumnos.

2. SUMA Y RESTA, UN MODELO DE CONSTRUCCIÓN LINEAL. DESCOMPOSICIÓN DE NÚMEROS. CÁLCULO MENTAL GAMAR OP-19

En algunas de las actividades del dossier 101 se comprendía la operación como la aplicación de un «operador» sobre un número dado. Las regletas no ponen tan de manifiesto este aspecto, sino que más bien facilitan la comprensión de la suma de dos o más números como reunión de cantidades. No hay ni que decir que ambas visiones se complementan y enriquecen el concepto y que son adecuadas para el primer ciclo de primaria.

Para sumar números con las regletas las ponemos una a continuación de la otra, es decir, construimos una fila. En realidad el soporte material de la noción de suma es la reunión de dos longitudes en una sola.

Podemos decir que aquí las regletas expresan no únicamente una noción cuantitativa sino, al mismo tiempo, una de geometría: la suma de dos segmentos de una misma línea es un segmento y se expresa con una longitud.

INICIANDO LA SUMA:

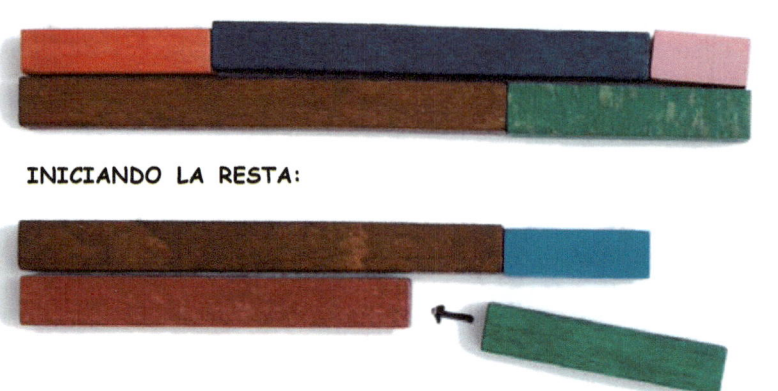

INICIANDO LA RESTA:

ESCRITURA NUMÉRICA:

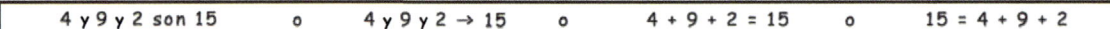

| 4 y 9 y 2 son 15 | o | 4 y 9 y 2 → 15 | o | 4 + 9 + 2 = 15 | o | 15 = 4 + 9 + 2 |

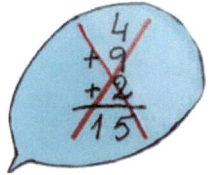

Es por eso que hemos llamado *configuración lineal* a la representación material de la suma, que queda representada con una figura de una sola dimensión.

Cuando entremos en el campo de la multiplicación apreciaremos la diferencia entre ambas operaciones en este aspecto, y esto puede favorecer la comprensión de ambas.

ACTIVIDADES

Indicamos los diferentes pasos que hay que hacer:

1.

INICIANDO LA SUMA DE DOS O MÁS NÚMEROS:
- Cogemos las regletas de cada uno de los números que queremos sumar y las ponemos encima de la mesa, una a continuación de la otra, siempre formando una fila, como hemos dicho antes. Buscamos un conjunto de regletas que sea tan largo como todas las que teníamos juntas.
  Las primeras veces podemos empezar solo con dos sumandos, pero conviene pasar enseguida a trabajar con tres o más.
- Proponemos hacer la actividad en el sentido inverso, pidiendo a los niños y niñas que busquen diferentes sumas de las cuales les hemos dicho previamente el resultado.

INICIANDO LA RESTA DE DOS NÚMEROS:
En primer lugar, debemos advertir que hay que dejar muy poco tiempo entre el trabajo de la suma y el de la resta. Incluso, a veces se podría plantear simultáneamente.
- Para restar dos números, pondremos las regletas la una al lado o encima de la otra, y buscaremos lo que le falta a la más pequeña para llegar al valor de la más grande.
- Como en el caso de la suma, podemos proponer a los niños y niñas que encuentren diferentes restas de las que conocemos el resultado.

EXPRESIÓN ORAL
- Casi simultáneamente a la acción, conviene que los niños expresen correctamente en voz alta la operación que han hecho de varias formas posibles, todas diferentes (las que encontraréis en el anexo correspondiente y otras que se pueden añadir).
- Siempre debe pasarse por la fase de la expresión verbal antes de pasar a la expresión escrita con cifras y signos.

ESCRITURA NUMÉRICA:
Después de haber expresado verbalmente la operación que han hecho (tanto si es una suma como si es una resta) podemos pasar a expresarla por escrito, pero no directamente con números y signos, sino siguiendo la pauta siguiente:
- Empezar con un escrito espontáneo, cada uno a su manera (frase, palabra o dibujos normalmente mezclados con números…).
- Utilizar algún primer simbolismo fácil para representar la operación, por ejemplo, un diagrama que reúna los números, una flecha…
- A continuación, con números escritos y con los signos aritméticos de sumar y restar, poniendo una flecha para indicar el resultado.
- El signo = conviene introducirlo más tarde, habiéndolo trabajado explícitamente y tanto en un sentido como en otro, es decir, escribir la operación empezando por el resultado.

En el anexo OP-19 encontraréis esto mismo concretado en algún ejemplo.

2.

DESCOMPOSICIÓN DE NÚMEROS
Este ejercicio se puede hacer libremente o siguiendo varias consignas.
De esta segunda modalidad, en la fotografía damos un ejemplo para el número 15.
- En tres partes diferentes
- En dos partes iguales y una diferente
- En cuatro partes diferentes
- En tres partes iguales

El hecho de que pasemos después a la escritura numérica es optativo.

LA FORMA INVERSA DE TRABAJAR ESTA ACTIVIDAD
La forma inversa será dar un número y pedir que se hallen dos, tres, o los que sean, que juntos valgan lo mismo que el número dado. Normalmente es un ejercicio abierto, con muchas soluciones válidas, que después podremos confrontar entre ellas.

En el anexo OP-19.2 encontraréis otros ejemplos de actividades.

3.

CÁLCULO MENTAL
Como siempre que utilizamos material manipulativo para trabajar el cálculo, no podemos perder de vista, como telón de fondo, el objetivo prioritario de potenciar el cálculo mental.

Es cierto que las regletas son un material y que por tanto, a primera vista, nos podría parecer que no van precisamente en la dirección del cálculo mental.

En realidad, *cálculo mental* es aquél en que la persona se enfrenta a los números, que son abstractos, imaginándoselos en su mente, sin utilizar ningún material ni instrumento (por ejemplo, la calculadora), ni tampoco lápiz o papel, para llegar a la solución de una situación que ha de resolver. O sea, para los niños y las niñas el momento decisivo en el cálculo mental es aquél en que ya llegan a poder aplicar las operaciones que conocen a números que imaginan. Con las regletas, admitiendo que ya han adquirido un primer conocimiento de los números y de la noción de suma o de suma y resta, podemos proponernos que las utilicen de manera que no puedan contar las cantidades de manera manipulativa. Todo depende de la manera en que les propongamos los ejercicios.

Se trata de pasar del «ver y tocar» a un «imaginar» o «ver por dentro»; muchas veces se trata simplemente de extrapolar.

Podemos hacerlo a todas las edades, con números más o menos altos, según los conocimientos que tengan los alumnos.

En las actividades que siguen proponemos tres formas diferentes de potenciar el cálculo mental con las regletas. En los tres casos, después de haber intentado hacer el cálculo mentalmente utilizaremos el material para hacer la comprobación.

1. Trabajando en grupo alrededor de una mesa grande

Un ejemplo para trabajar con un grupo de niños y niñas sentados alrededor de una mesa grande:
- Ponemos sobre la mesa, en el medio y desordenadamente, unas cuantas regletas mezcladas, entre las que haya de todos los números y repetidas. Los niños y niñas las ven muy bien.
- Se les propone trabajar con la siguiente consigna:
  - Ahora las regletas no las podemos tocar. Están aquí sólo para mirarlas porque quizás os ayuden a calcular lo que voy a ir diciendo.

Vamos proponiendo diferentes operaciones, ellos piensan, y cuando lo indicamos dicen en voz alta el resultado que han deducido. Hemos de dejar suficiente tiempo para que puedan buscar las regletas con la vista y pensar tranquilamente.

Nos sorprenderá la intensidad y el interés con el que nuestros alumnos miran las regletas, se autocontrolan para no tocarlas y calculan mentalmente.

Este tipo de actividad viene a ser un primer paso hacia el cálculo mental.
Ni que decir tiene que podemos ir escribiendo en la pizarra los resultados que creamos oportuno y, después, utilizar las regletas para hacer la comprobación.

2. Tapando y destapando el material

Conviene tener muy presente que los maestros siempre podemos tapar con un papel o ropa lo que hemos hecho hasta un determinado momento y, después, pedir que se continúe sin ver las regletas.

Por ejemplo:
- Construimos el número 24 y les pedimos a los alumnos que lo miren bien y piensen en cómo está hecho, pero sin decir nada. Inmediatamente lo tapamos con un papel que ya tenemos preparado en la mano izquierda.
- Entonces preguntamos en qué número se convertiría si añadiéramos una decena.
- También les podemos preguntar qué número nos quedaría si le quitáramos ocho unidades, o cualquier otro cálculo parecido.

- Maestros y maestras encontraréis muchos otros ejemplos para hacer cálculo mental con frecuencia.

Después de hacer cualquier comparación de números, operación o actividad con las regletas, podemos proponerles: «A ver si ahora sabríais pensar, sin las regletas, cuánto daría…» (y se propone una operación parecida con números algo mayores, o con tres decenas en vez de dos, etc.). De hecho, no es más que una práctica de anticipación de resultados, que siempre está ligada intrínsecamente al cálculo mental.

El hecho de priorizar el cálculo mental depende de la frecuencia y la oportunidad con que se planteen este tipo de situaciones y de la importancia que nosotros les demos. De hecho, el cálculo mental no depende propiamente de una técnica más a aprender, sino de una actitud constante por parte de los maestros que es necesario actualizar en cuanto sea oportuno.

3. NÚMEROS PARES E IMPARES. ALGUNAS PECULIARIDADES
GAMAR NO-25

Éste es un tema característico para insistir en el conocimiento y la familiaridad de los niños y niñas con los números naturales.

Se trata de pedirles que busquen todos los números que puedan (hechos con una sola regleta o con más de una, hasta donde quieran llegar) con la condición de que puedan formarlos sumando dos regletas iguales. Éstos los pondrán a su izquierda. En seguida constatan que hay muchos que no pueden formarse sumando dos regletas iguales. Éstos los pondrán a su derecha.

Han de ordenar cada uno de los dos grupos, de pequeño a grande, y unir los números según el orden natural; de esta manera nos queda una composición como la de la fotografía.

A partir de esta composición, en primer lugar diremos a los alumnos que los que hemos puesto a nuestra izquierda se llaman *pares*, y los que hemos puesto a nuestra derecha, *impares.* Con los comentarios pertinentes, podremos ir descubriendo y comentando las peculiaridades de los números pares e impares, que podemos resumir así:

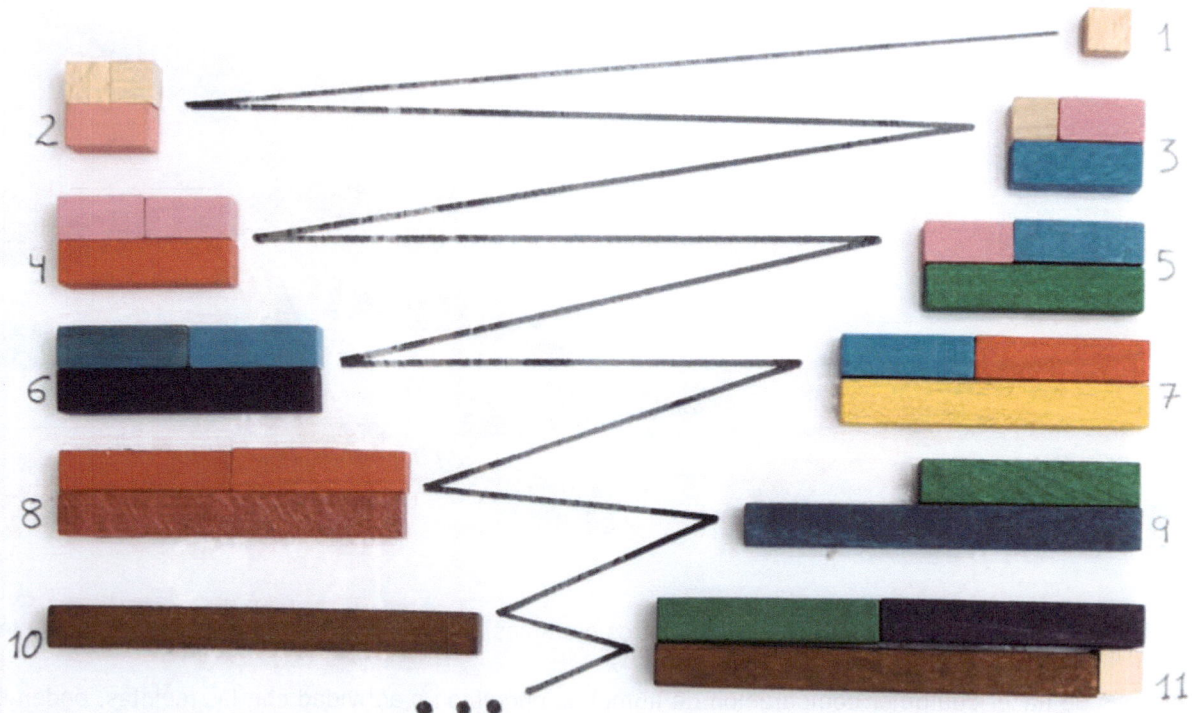

Todos los números pares pueden formarse sumando dos números iguales.	Los números impares no pueden formarse sumando dos números iguales.

En la serie de números naturales, los pares e impares se alternan rigurosamente. Cada número impar es el siguiente de uno par y viceversa. Un número par siempre se encuentra entre dos impares, y un impar, entre dos pares.

Tanto un grupo como otro crecen sumando cada vez dos al número anterior. Se encuentran sumando de dos en dos, los pares a partir del 0 y los impares a partir del 1.

Hay tantos números pares como impares y ambos son infinitos.

Finalmente, volviendo al punto en el que hemos empezado, recordemos que los números que hemos puesto a la izquierda los habíamos hecho sumando dos números iguales.

Con los impares esto no es posible. A los alumnos un poco más mayores podemos pedirles que investiguen si pueden formarlos sumando dos números que no sean iguales, pero que sean consecutivos (ellos suelen llamarles «seguidos»). Así completamos las características que hemos estudiado hasta aquí con este descubrimiento.

Conclusión:

Así como los números pares son siempre el resultado de sumar dos números iguales, los impares son el resultado de sumar dos números seguidos.

1. La suma y la resta, operaciones inversas

Es indispensable, para la buena comprensión de las operaciones, practicarlas de forma directa y también de forma inversa desde el principio.

Ya en el tema 2, cuando hemos introducido estas operaciones, nos han aparecido comentarios o constataciones en este sentido, sobre todo cuando hemos dicho, por ejemplo, que para restar dos números buscábamos aquel que, sumado al menor, nos daba como resultado el mayor.

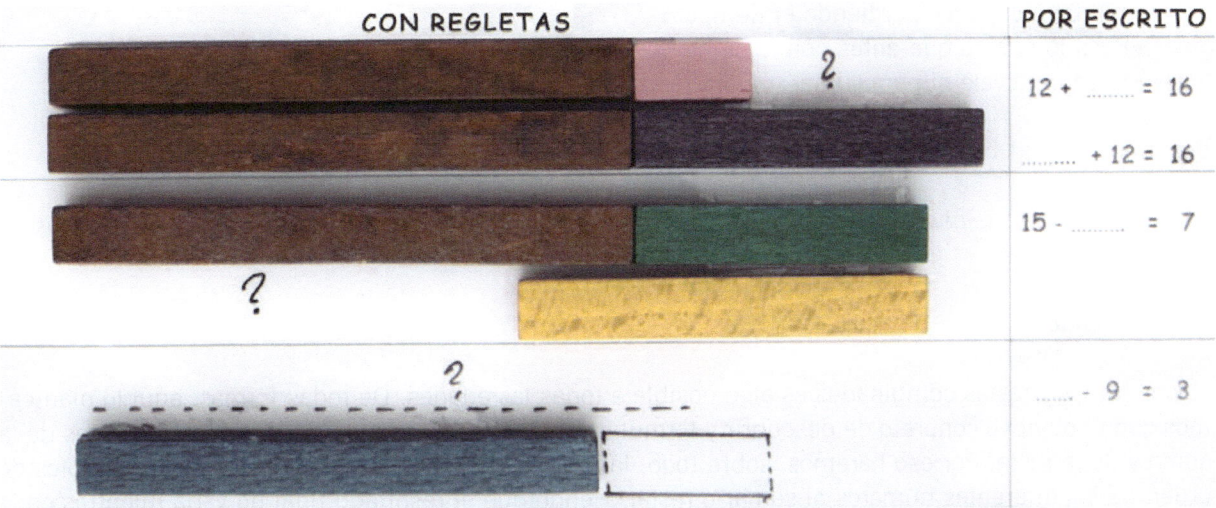

Después es aconsejable irlo recordando alguna vez de la siguiente manera: por ejemplo, si calculamos mentalmente 37 – 22 y decimos 15, podemos añadir como comentario nuestro: «¡Claro! Porque 15 más 22 son 37». Hemos basado la operación inversa de la resta en la suma correspondiente.

En el anexo OP-21.1 presentamos un ejemplo de actividades para trabajar estos aspectos, con un cuadro para recoger los resultados de manera sistemática.

Transmitimos algunos comentarios de niños y niñas que justamente tocan el quid de la cuestión:

— «Una resta, en el fondo, es lo mismo que una suma, pero empezando por el final y yendo al revés...».
— «La suma y la resta parecen enemigas porque una hace siempre lo contrario que la otra».
— «Sí, pero yo creo que, en el fondo, son de la misma familia...».

Ofrecer espacio a estos diálogos y fomentar-los resulta muy interesante para el aprendizaje.

2. El paper del cero

Respecto al papel del 0 en las operaciones de suma y resta, no se trata de dar a los alumnos nociones conceptuales sobre qué es *el elemento neutro* de una operación, sino simplemente favorecer que ellos mismos descubran, a partir de la práctica de casos concretos, cuál es el papel que tiene el 0 en la suma y en la resta.

ACTIVIDADES

Hay alguna regleta para representar al cero?
Planteamiento de interrogantes y recogida de comentarios:

- Con las regletas hacemos sumas como estas: 8 + 0 =   / 6 + 0 =   / 0 + 5 =
  Después se trata de recoger los comentarios que vayan haciendo y de aprovechar los más significativos:
  — «Esto es perder el tiempo...».
  — «Estas sumas no sirven para nada...».
  — «No podemos hacerlo porque no hay ninguna regleta para el cero».
  — «El que no sirve para nada es el cero».
  — «El cero sirve para los números, pero no para las sumas».

- A continuación lo intentamos con algunas restas. Podéis proponerlas vosotros mismos.
  — «También estamos perdiendo el tiempo».
  — «Pasa lo mismo que antes con la suma».
  — «El cero no vale ni para sumar ni para restar».

Los niños y niñas han llegado a una conclusión final:

La suma y la resta parecían enemigas pero ahora, con esto del cero, resulta que son como hermanas.

3. Propiedades

Hacer sumas y restas combinadas es algo posible a todas las edades. De todas formas, aquí lo planteamos con el objetivo concreto de descubrir y formular sólo las primeras propiedades características de la suma y de la resta. Por eso haremos, sobre todo, las constataciones correspondientes a los cambios de orden de los diferentes números al sumar o restar, viendo que el resultado final no varía mientras cada uno conserve como propio el signo que lleva delante.

También veremos como el resultado total no varía agrupando los diversos números de la manera que creamos conveniente.

La formulación con su nombre de cada una de estas propiedades (*conmutativa o asociativa*, respectivamente) no es demasiado interesante en las edades que nos ocupan. Lo que es interesante es que los niños y niñas lleguen a tener un primer dominio que les facilite aplicarlas, sobre todo a la hora de hacer cálculo mental.

Finalmente, en los últimos cursos de primaria se trata de fomentar en nuestros alumnos un proceso de generalización de leyes y fenómenos observados en muchos casos diferentes y hacer, sobre ellos, una formulación correcta.

En el anexo OP-21.2 encontraréis ejemplos de actividades referentes a este tema.

Probablemente, al llegar a este tema ya habremos introducido a los alumnos en la base diez de numeración con otros materiales que no son las regletas. Es aconsejable empezar con materiales basados en unidades sueltas, reunidas de diez en diez, para formar las decenas como un todo inseparable; más adelante reunirán diez decenas para formar una centena. Podéis hallar mucha información sobre los diferentes aspectos relacionados con este aprendizaje en el dossier 101.

Cuando los alumnos ya han hecho estas primeras experiencias, conviene pasar a representar la decena con una regleta marrón (o del mismo color que las unidades) que tenga una longitud equivalente a diez de éstas. Más adelante las centenas serán una placa cuadrada marrón y los niños y niñas comprobarán que equivalen a diez decenas unidas, y un millar será un cubo que se habrá construido superponiendo diez centenas, siempre del mismo color que las decenas y las centenas. Hay materiales que presentan estas piezas para trabajar la base decimal en un paquete aparte, pero en nuestras cajas de regletas se presentan como el último elemento de cada una de las tres series del material: regletas sencillas, cuadrados y cubos. Pretendemos que el trabajo de escritura de los números en base diez, y las normas que se derivan para las operaciones escritas (algoritmos), no se consideren un capítulo independiente del aprendizaje de los números y las operaciones, sino un aspecto fuertemente relacionado con todos los otros.

Conviene alternar el trabajo con las regletas con el trabajo con otros materiales. Concretamente, en el tema que aquí nos ocupa, se puede complementar con el uso del ábaco, que tiene un mayor componente de simbolismo y requiere una cierta abstracción por parte de los alumnos. Las regletas, en cambio, son más concretas: la decena no sólo «representa» diez unidades sino que, tal y como comprobamos claramente, las vale. Más tarde pasará lo mismo con la centena y el millar.

Otra característica del material de las regletas para trabajar la base 10 es que sólo podemos materializar estos órdenes, porque evidentemente sólo disponemos de tres dimensiones... Pero cuando llegan a dominar los millares, los alumnos ya tienen una edad y suficiente capacidad para generalizar el concepto más allá del material.

Conviene recordar que el dominio de la base decimal de numeración es la herramienta que permitirá que niños y niñas utilicen un lenguaje matemático con el que nos entendamos todos, cosa que implica diversos aspectos: leer y escribir los números adecuadamente, ayudar a imaginarlos y combinarlos mentalmente, facilitar la práctica de las operaciones escritas y en particular la práctica de los algoritmos que solemos utilizar y, también, entender y practicar adecuadamente muchos cálculos con calculadora. Estos últimos podéis encontrarlos fácilmente en el dossier 109.

ACTIVIDADES

Las actividades para introducir y trabajar la base diez de numeración son suficientemente conocidas por todos; tal y como ya hemos dicho antes, pueden encontrarse detalladamente en el dossier 101. Aquí sólo queremos indicar algunas que pueden considerarse muy adecuadas para tratarlas con las regletas:

- Dedicar mucha atención a la introducción de los números 11, 12... hasta el 20, tanto respecto a la composición como al nombre de cada uno de estos números (que para algunos no es nada fácil).
- Hacer siempre todos los ejercicios de forma directa e inversa, fomentando tanto el hecho de leer como de escribir cantidades.
- Trabajar la relación entre los diferentes órdenes de unidades y los cambios de uno a otro. En las edades a que nos referimos en estos momentos, sólo trabajaremos con unidades y decenas.
- Practicar los intercambios necesarios para pasar a expresar un mismo número con unidades sueltas, con decenas y regletas de color, o con decenas y unidades.

6. DIFERENTES MANERAS DE AGRUPAR LAS UNIDADES DE UN NÚMERO

GAMAR NO-27

La base decimal de numeración es una de las maneras de expresar los números; para nosotros es importante puesto que es la propia de nuestra cultura. Pero un mismo número o cantidad puede expresarse de diversas maneras, en función de las diversas posibilidades de agrupar y organizar las unidades que lo forman.

En estas agrupaciones diversas intervienen siempre las operaciones, de la misma manera que intervienen cuando cambiamos diez unidades por una decena.

Por eso el tema actual, que lleva un código encabezado por NO, también podría haber sido codificado con el código OP. En definitiva, números y operaciones son inseparables, y es indiferente que incluyamos las actividades interesantes en una u otra categoría, lo importante es no dejar de hacerlas.

Es muy importante que niños y niñas se entrenen en la habilidad de saber representar una misma cantidad cambiando unas regletas por otras, según convenga, y lleguen a dominar esta técnica que solemos llamar «hacer intercambios». Conviene trabajarla desde el principio, sumando mentalmente, y poco a poco irla ampliando a medida que avanzan para que llegue a serles familiar y puedan, así, aplicarla con seguridad en diferentes situaciones.

El objetivo final es que los alumnos entiendan este principio fundamental:

> Las cantidades, o sea los números, sólo cambian si les añadimos o les quitamos alguna cantidad. Sus unidades podemos agruparlas de diferentes maneras sin que por ello se modifique el valor de la cantidad total.

 **ACTIVIDADES**

Un ejemplo:

Supongamos que tenemos representada la cantidad 23 con 2 decenas y una regleta del 3 y nos interesa, para cualquier operación, tenerla representada con regletas del 6.

Se trata de que los niños sean capaces de pasar rápidamente el 23 a tres regletas del 6 y una del 5.

En el anexo NO-27 encontraréis una muestra de actividad para organizar las cantidades con diferentes agrupaciones.

7. DOS PEQUEÑAS INVESTIGACIONES: LA SUMA DE TRES NÚMEROS CONSECUTIVOS. LA MEDIA ARITMÉTICA

GAMAR OP-26

Querríamos plantear unas actividades que, aún basándose en la suma y la resta, podemos considerar diferentes, de distinto tipo, si las comparamos con lo que hemos visto hasta ahora. La razón es que no van directamente encaminadas al aprendizaje de unas nociones concretas, sino que su objetivo es desarrollar unas capacidades que confluyan en aquello que solemos llamar *investigaciones*. Añadimos la palabra *pequeñas* porque hablamos de escuela y no queremos presumir demasiado.

Así pues, primero intentaremos concretar cuáles son esas capacidades o condiciones que llevan a niños y niñas a hacer «pequeñas investigaciones», sabiendo que no se trata de condiciones previas, sino de habilidades y actitudes que se irán desarrollando ejercitándolas en la práctica.

- En primer lugar, es necesario que tanto ellos como nosotros tengamos un cierto interés e ilusión por descubrir alguna cosa nueva. El éxito obtenido en alguna ocasión será el estímulo de la próxima.
- También es necesario observar con atención y constancia, sin cansarnos enseguida.
- Hemos de tener ingenio para buscar otros caminos cuando el primero que hemos buscado no ha resultado suficientemente eficaz. Ahora, en vez de caminos hablamos de *estrategias*.
- Cuando pasa algo que nos sorprende no nos hemos de quedar tan tranquilos, o creer que ha sido un golpe de suerte, sino que hemos de buscar si hay alguna causa lógica que justifique lo que ha pasado. En caso de que así sea, podemos hacer la suposición de que en las mismas condiciones se volverá a producir el mismo resultado. En cambio, si no hallamos la razón de los hechos no podemos deducir absolutamente nada.
- Este espíritu de hallar la razón, la explicación lógica, para poder extrapolar resultados y, quizás, aplicarlos a otros casos, podríamos considerarlo en sí mismo una pequeña investigación.

ACTIVIDADES

A continuación ofrecemos dos ejemplos de pequeñas investigaciones:

1. La suma de tres números consecutivos

$$0+1+2 \longrightarrow 3$$
$$1+2+3 \longrightarrow 6$$
$$2+3+4 \longrightarrow 9$$
$$3+4+5 \longrightarrow 12$$
$$4+5+6 \longrightarrow 15$$
$$5+6+7 \longrightarrow 18$$

Se trata de observar y comentar los resultados:

El primero es el 3, y los otros se hallan sumando siempre 3 al número anterior. Así van saliendo todos los números de la tabla del 3.

- Si lo hiciéramos con muchos números más, ¿creéis que pasaría siempre?
  Llegamos a una conclusión, y generalizamos:

Al sumar tres números seguidos siempre obtenemos un múltiplo de 3.
(Si los niños aún no han trabajado los múltiplos, dirán «de la familia del 3».)

A veces hay niños o niñas que, entusiasmados con su descubrimiento, quieren hacer más generalizaciones de la cuenta:

— «Entonces, si sumamos cuatro números seguidos, ¡tendremos todos los de la familia del 4!»

Es el momento de decirles que eso («una hipótesis») no lo podemos asegurar si no lo investigamos. Es necesario que vuelvan a comenzar teniendo en cuenta esta nueva condición. Entonces verán que justamente sumando cuatro números seguidos no pasa lo mismo, por lo que su previsión no se cumple. Los números tienen sus leyes, y no podemos inventárnoslas sin experimentar y pensar.

2. La media aritmética y la ley para calcularla

Tenemos cuatro números: 3, 7, 8 y 10.
¿Es posible compensar el valor de unos con el de los otros?

Lo intentaremos, pero deben cumplirse dos condiciones:
  – que nos resulten cuatro números del mismo valor.
  – que no cambie el valor total del conjunto de los cuatro números.

Primer paso: cambiar algunas regletas por otras regletas que queramos, pero sin ganar ni perder nada en total.

Segundo paso: *cambiar la posición de las regletas hasta obtener un rectángulo de cuatro filas iguales, tantas como números tenemos.*

Tercer paso: *observar el rectángulo y expresar lo que ha pasado:*
  – los valores de las cuatro cantidades se han igualado, pero la suma total no ha variado.
  – no siempre obtendremos un valor exacto.

De momento extraemos una primera conclusión y aprendemos alguna cosa:

> *Cuando con unos números, haciendo los cambios necesarios pero sin cambiar la cantidad total, formamos un rectángulo de tantas filas iguales como números tenemos, la longitud de las filas es la* **media aritmética** *de todos los números que tenemos. A menudo no es un número exacto, pero si conocemos las fracciones lo podremos encontrar.*

Cuarto paso: ahora se trata de descubrir la ley **para calcular** la media.
• Primero es probable que empiecen por el tanteo.
• Pronto podrán observar lo que han hecho y deducir muchas cosas, por ejemplo:
  — «Es como una suma, porque se trata de reunir todos los números».

— «*Pero la suma se ha convertido en un producto*, porque hemos hecho un rectángulo».

— «En el rectángulo pasa esto: un lado es el número de filas, o sea la cantidad de números que teníamos al principio, y *el otro lado es la media, o sea el valor que buscamos*».

— «Esto quiere decir que *para encontrar este otro lado tendremos que dividir*».

En estos momentos se supone que ya habremos trabajado la división (tal y como se plantea en el bloque II).

El descubrimiento final sería:

Para saber el valor de la media aritmética, hemos de sumar todos los números y después dividir por un número igual a la cantidad de números que teníamos.

Conviene que nosotros tengamos muy claro que este cálculo no es el punto de partida, sino el punto de llegada, fruto del trabajo de investigación: ir probando e ir encontrando.

En el anexo OP-26 encontraréis este mismo ejercicio con otros números como propuesta de actividad.

8. UNA PROPUESTA DE INVESTIGACIÓN DE LA RESTA «LLEVANDO»
GAMAR OP-45

ACTIVIDAD COMENTADA

En la siguiente actividad ofrecemos una propuesta para trabajar la resta, puesto que éste suele ser el tema más difícil, incluso un poco traumático, para muchos niños y niñas.

Ejemplo: 273 – 59

Pondremos los números en vertical, respetando los diferentes órdenes de las unidades. Restaremos mentalmente los que son del mismo orden, de abajo hacia arriba.

A. A LOS NIÑOS Y LAS NIÑAS LES SURGE UN PROBLEMA:

No podemos decir «cuántos van de 9 a 3». Pues diremos de 3 a 9, ¡claro!
Ellos no tienen mayor problema. Nosotros sí, sabemos que el verdadero problema es... ¡una falta total de motivación por parte de los alumnos!

Para remediarlo, es decir para motivarlos, hacemos la siguiente...

B. PROPUESTA DE ACTUACIÓN EN SIETE FASES O MOMENTOS CLAVE:

Primera fase:
Proponemos hacer la resta directamente con la calculadora.
Los niños dicen: «¡Es muy fácil!»
La hacen y obtienen como resultado 214.

Segunda fase:
A partir del 214, planteamos a los niños y niñas **dos problemas**.
1. Podemos observar que la máquina no ha hecho el cálculo de 3 a 9, puesto que acaba con un 4.
Este desajuste es ***un primer enigma*** que les proponemos resolver.

¡Empieza la motivación!

2. Las decenas del primer número eran 7, se quitan 5 y queda sólo 1.
Quizá la calculadora se ha equivocado... **Un nuevo enigma aún mayor.**
¡La motivación de los alumnos aumenta mucho!

Tercera fase:
Para descubrir la solución de los enigmas, los alumnos tendrán que investigar.
Pueden investigar con los medios que ellos y ellas decidan, pero como conocemos muy bien el poder de las regletas para investigar cosas de los números, optan por este medio.
Ahora ya están suficientemente motivados para poder descubrir alguna cosa.

Cuarta fase:
Organizados en pequeños grupos, los alumnos investigan.
Aquí es probable que tengamos que acompañarlos un poco.

CON LAS REGLETAS:

- Coger el 273 en unidades, decenas y centenas y sacar las 5 decenas y las 9 unidades.
- Para las 5 decenas no hay ningún problema.
- Falta sacar 9 unidades, pero no hay bastante para hacerlo directamente.
- Hemos de hallar una u otra manera de hacerlo, puesto que aún nos quedan 2 decenas.
- Algunos la encuentran y la explican... Hay diversidad de opciones y diálogo.
- Si todos participan, todos acaban por hacer algún pequeño descubrimiento.

Éste ha sido el momento en que las regletas han tenido un papel importantísimo en la resolución del enigma; es una buena muestra del poder de este material para potenciar la capacidad de investigación de los niños y niñas. Para conseguir este objetivo son necesarias dos cosas:

- que no les presentemos el asunto de las restas «llevando» a una edad prematura y, evidentemente, nunca antes de ciclo medio.
- que les dejemos el tiempo necesario para hacerlo; si no llegan un día quizá lleguen otro.

Lo que cuenta no es llegar pronto, ni gracias a nuestras explicaciones, sino llegar bien y como resultado de algún descubrimiento personal.

Quinta fase:
Concretar el descubrimiento global de la clase de alguna de las maneras siguientes o de alguna otra manera parecida.

El problema, en realidad, no es de las unidades sino de las decenas.
Lo que sucede es que el problema de las unidades repercute en las decenas.

Pero los niños y niñas aún no saben de qué manera repercute.

Sexta fase:
Ha llegado el momento de explicarlo nosotros.
Cada uno lo puede hacer según su manera personal de hacer las restas escritas. Es importante saber que puede haber otras; podemos explicar cualquiera, es decir, la que nos parezca mejor. Los niños y niñas ahora ya están a punto.

Lo que viene a continuación es sólo una posibilidad. Le damos prioridad porque nos parece la más adecuada para aplicar después a los cocientes parciales de las divisiones escritas.

	El número 273 necesita un refuerzo de unidades.
	Cogemos diez sueltas de la caja apara hacerle un préstamo. Después nos las tendrá que devolver.
273	**Primera columna:**
− 59	Ahora hay 13 unidades: quitamos 9 y nos quedan **4**.
———	**Segunda columna:**
214	Hemos de quitar **una decena más** de lo que dice para poder devolverla a la caja: quitamos 6 y nos queda **1**.
	Tercera columna:
	No quitamos nada y nos quedan **2**.

Podemos estar contentos porque hemos resuelto un enigma y lo hemos entendido.

Séptima fase:
¿Con qué idea nos iremos a casa?
Conviene que a nuestros alumnos les quede claro que hace mucho tiempo que nuestros antepasados matemáticos se dedicaron a buscar la manera de hacer las operaciones escritas. Ellos aún no tenían calculadora, pero eran muy inteligentes y, con el tiempo, se ha ido concretando y perfeccionando el sistema, hasta llegar a la manera fácil y cómoda de hacerlas con lápiz y papel. No se trata de un invento para complicar la vida de los niños y niñas de las escuelas, sospecha que, en ocasiones, tienen los alumnos.

Hoy en día, con los avances de las nuevas tecnologías, lo más normal es hacer las operaciones con calculadora.

9. UNA MIRADA ANTICIPADA A LOS NÚMEROS NEGATIVOS
GAMAR OP-49

Aunque las regletas son un material propio de los números naturales, siempre nos sorprenden por su capacidad para mostrar algún aspecto de los otros números. Por eso ahora nos proponemos hacer una pequeña incursión en el campo de los números negativos a través de una actividad muy sencilla. No hay que olvidar, no obstante, que los números negativos se habrán introducido previamente y de la mejor manera: a partir de situaciones de la vida cotidiana y real (numeración de los aparcamientos subterráneos, temperaturas...).

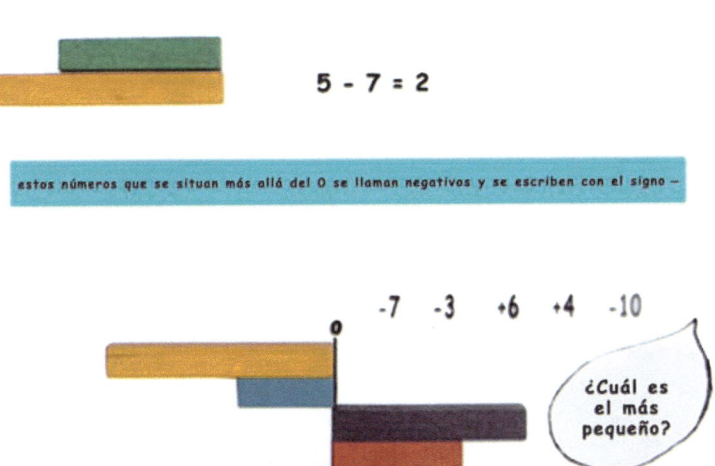

5 - 7 = 2

estos números que se sitúan más allá del 0 se llaman negativos y se escriben con el signo −

-7   -3   +6   +4   -10

¿Cuál es el más pequeño?

Aquellos que deseen consultar otras posibilidades de trabajo en el campo de los números negativos, con la aplicación de otros materiales y juegos interesantes, pueden consultar directamente la página web del GAMAR, buscando el mismo código que encabeza este tema, o consultar el dossier 109.

Aquí podréis encontrar el ejemplo de una actividad muy sencilla, prácticamente inicial, en el anexo OP-49.

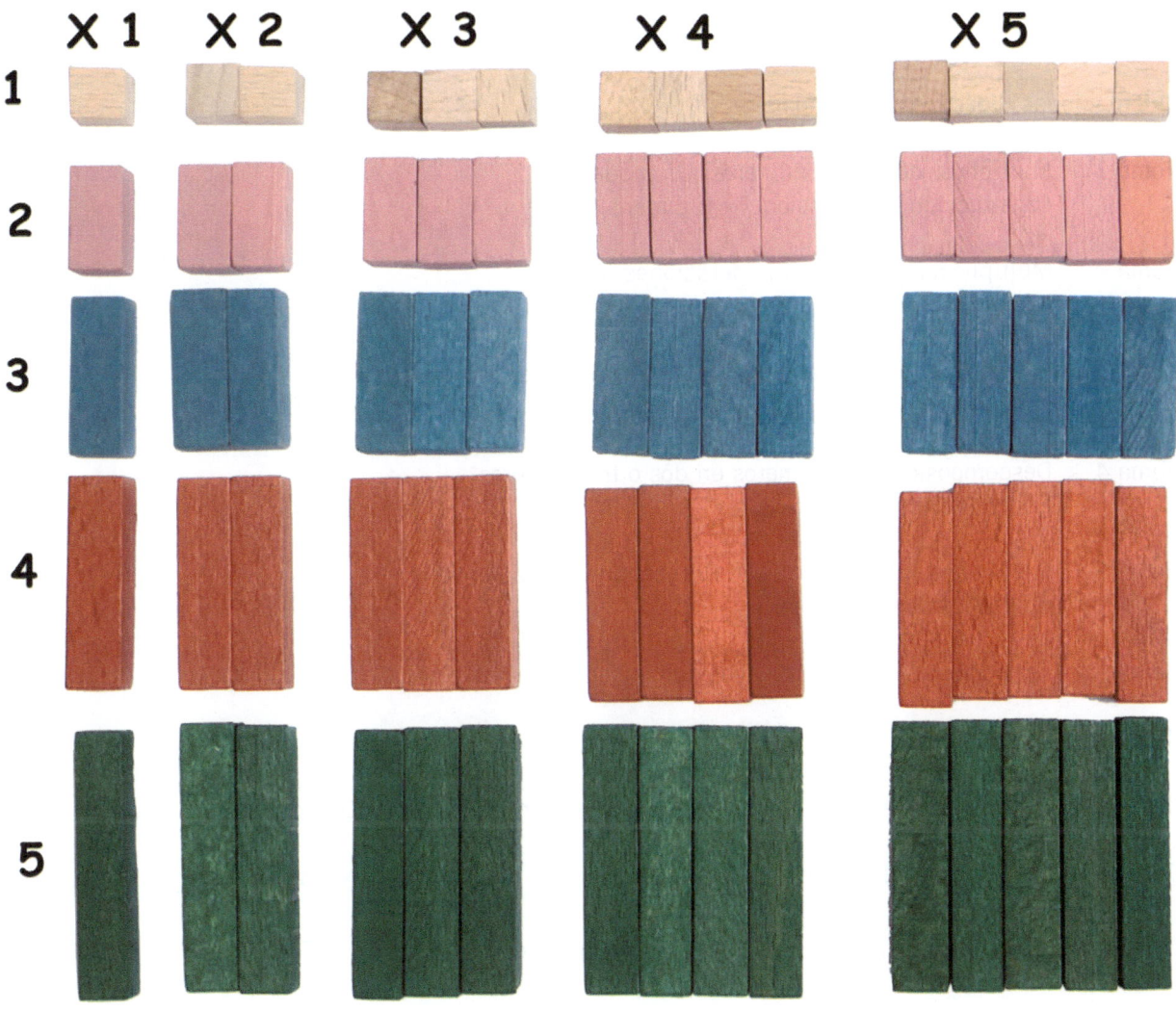

Índice Bloque II

Orientaciones didácticas y actividades

Después de haber presentado a los alumnos la primera mitad de los temas de la suma y la resta, y simultáneamente con el trabajo de la segunda mitad, ya podemos introducir otra familia de operaciones numéricas: la multiplicación y la división. Así pues, el primer tema de este bloque es adecuado para los niños y niñas de segundo curso de primaria. Después nos situaremos ya del tercer curso en adelante.

Probablemente muchos de nosotros hayamos oído decir en alguna ocasión que la multiplicación es un caso particular de la suma, pero sabemos que cada una de estas operaciones tiene unas características, y por tanto una personalidad propia que nuestros alumnos irán descubriendo si las trabajamos con seriedad. En el primer bloque hemos intentado profundizar en las características de la suma y, al mismo tiempo, en las de la resta. Ahora nos proponemos hacer lo mismo respecto a la multiplicación y la división. El material de las regletas resulta especialmente útil para mostrar estas características de manera visual y, por tanto, para facilitar que los niños y niñas comprendan la especificidad de cada una de estas dos familias de operaciones. Se trata de una noción matemática importante. Recordemos que el hecho de pasar del estudio de la suma y la resta al de la multiplicación y la división es inseparable del paso de los números enteros a los racionales. Conviene que lo tengamos presente, aunque por supuesto no hablaremos a nuestros alumnos en estos términos.

Querríamos recordar que, tal y como hemos dicho en el bloque anterior, quizá no agotemos aquí todo el amplio tema de la multiplicación y la división. Sólo trataremos aquellos aspectos de estas operaciones que pueden relacionarse directamente con el uso de las regletas numéricas. Pero resulta que estos aspectos, contando también con el contenido del bloque III, ya son la mayor parte de las características propias de estas operaciones.

Así como en el bloque anterior ha habido un gran equilibrio entre los temas referentes al conocimiento de los números (código NO) y los referentes a las operaciones (código OP), en el bloque actual predominan los que tratan de las operaciones. Conviene recordar que, tal y como hemos dicho en el bloque anterior, en algún caso dos o tres temas de este bloque pueden referirse al mismo ítem de la web del GAMAR, lo que significa que aquí se ha desdoblado el contenido para poder tratarlo más detalladamente.

1. MULTIPLICAR DOS O TRES NÚMEROS. UN MODELO DE CONSTRUCCIÓN BIDIMENSIONAL Y TRIDIMENSIONAL   GAMAR OP-29.1

Primeras nociones de doble, triple y mitad

La noción del **doble** de una magnitud continua (principalmente la longitud) y de una cantidad de elementos (unidades sueltas) suele ser muy fácil de comprender para los niños, que ya empiezan a adquirirla de manera intuitiva en la etapa infantil: primero suele ir ligada a la acción de repetir la magnitud o cantidad determinada, después, en el caso de elementos que se pueden separar, algunos niños y niñas pasan espontáneamente de esta repetición física de los elementos a la acción de contarlos dos veces. Este paso ya supone para ellos una abstracción.

Con la práctica, y con los comentarios de las acciones que se van realizando, nos proponemos que lleguen a comprender que **hacer el doble** es una acción que podemos identificar con la operación de *multiplicar por dos.* En cambio, cuando hablamos de **ser el doble de**... (12 es el doble de 6) se trata de expresar una determinada **relación entre cantidades.**

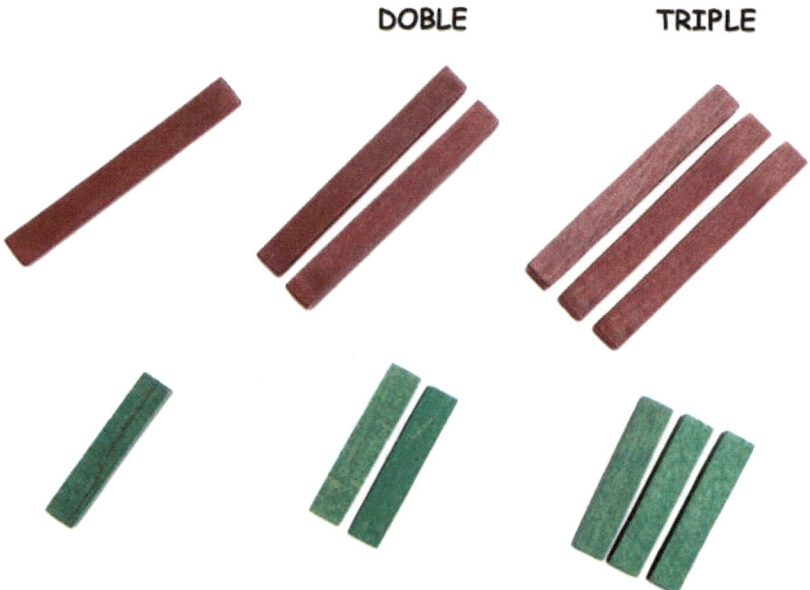

DOBLE   **TRIPLE**

A continuación, aparece la operación o la relación inversa: **hacer la mitad,** que todos han practicado en alguna ocasión, repartiendo cosas en dos partes iguales, y **ser la mitad de...** Esto se podría considerar un primer paso hacia las fracciones, pero éste no es todavía nuestro objetivo.

Sin embargo, podemos insistir en el hecho de que, cuando los niños constatan que *16 es el doble de 8*, también será correcto expresar que *8 es la mitad de 16.*

> Las dos cosas dicen lo mismo y se representan, con las regletas, de la misma manera.

La noción de **triple** es un paso superior, más complejo, y por ello, de momento, aún no acompañamos su tratamiento con la introducción de la tercera parte. Para esta noción, ya propiamente como una fracción, os remitimos al dossier 102. De todas formas, cada maestro, cada maestra, sabe lo que puede y quiere presentar a sus alumnos.

Resumiendo, podemos considerar las nociones de doble y triple como una posible iniciación natural a la multiplicación.

ACTIVIDADES

Construyendo dobles y mitades

• Para construir el doble de 7 pondremos un 7 y añadiremos otro al lado, y no a continuación como si se tratara de una suma. Los dos juntos hacen *el doble de 7, que vemos que vale 14.*

• Esta misma figura que hemos hecho sirve para decirnos que *7 es la mitad de 14.*

• De la misma manera podemos hacerlo con números mayores, teniendo en cuenta que al final lo contaremos todo junto, reuniendo unidades con unidades y decenas con decenas.

• Después de haberlo hecho algunas veces más con el material, podemos pasar a hacerlo directamente con cálculo mental y comprobarlo después con las regletas.

Construyendo triples

• Para construir el triple de un número haremos como antes, sólo que ahora lo tenemos que repetir tres veces. Así, por ejemplo, con las regletas hacemos el triple de 5 y nos da 15.

• Seguimos con nuestro trabajo pidiendo a los niños una estimación, hecha mentalmente, del material necesario. Por ejemplo:
—¿Qué regletas crees que te harán falta para hacer el triple de 13?
—¿Qué número será?

Después lo comprobamos con las regletas.

Productos de dos factores

Con la operación de la suma se relacionan dos o más números, correspondientes a cantidades de cosas que son de la misma naturaleza, y por eso cuando sumamos con las regletas las ponemos una a continuación de la otra, como si hicieran un camino. Podríamos hablar de un *modelo de construcción lineal.*

En cambio, en las primeras multiplicaciones, las de dos números, estamos ante un fenómeno o acción diferente. Imaginémoslo concretado en un ejemplo sencillo. Si decimos: «Tengo tres bolas en un bolsillo y también tres en otro bolsillo», estamos expresando la situación como una estructura aditiva, de suma. En cambio, si decimos: «Tengo dos bolsillos y llevo tres bolas en cada uno», estamos expresando la misma situación, pero ahora en forma de estructura multiplicativa.

En el primer caso hemos hablado de los números 3 (bolas) y 3 (bolas), y los niños los han sumado tal y como lo han oído. Y si lo quieren hacer con las regletas pondrán un 3 a continuación de otro 3.

En el segundo caso, hemos hablado de los números 2 (bolsillos) y 3 (bolas) y los niños, para contarlo, no sumarán los dos bolsillos con las tres bolas, saben que no tienen que hacerlo por sentido común. No sumarán literalmente los números que han oído, sino uno (el 3) repetido tantas veces como nos indica el otro. En esto consiste, precisamente, la estructura multiplicativa. Y es por eso que nosotros solemos formular la multiplicación de dos números diciendo que «consiste en repetir el primero tantas veces como unidades tiene el segundo». No obstante, sabemos que no es a partir de una definición como vamos a trabajar la multiplicación con nuestros alumnos, sino a partir de la experiencia con el material. Y en este trabajo las regletas pueden jugar un papel fundamental.

¿Cómo representaremos con regletas las primeras multiplicaciones de dos números? Pensemos en la representación del ejemplo anterior: no pondremos las regletas que corresponden a los números que hemos oído (2 y 3) en forma lineal. Hemos de introducir, desde el primer día, un nuevo modelo que consiste en una figura de dos dimensiones, es decir, un rectángulo que tenga un lado que vale 2 (el primer número expresado) y otro lado que vale 3 (el segundo número). Esta nueva estructura, que llamaremos multiplicativa, conviene expresarla desde el primer momento, como ya hemos dicho, con una construcción e imagen visual diferente a la de la suma.

Podríamos resumir todo cuanto acabamos de exponer diciendo que a una multiplicación o **producto de dos factores** le corresponde una figura de dos dimensiones (un rectángulo) construido con regletas, todas del mismo número (uno de los factores) y por tanto todas del mismo color. El número de regletas que cogeremos corresponde al otro número o factor. Por lo tanto, las longitudes de los lados del rectángulo representan cada uno de los factores que se multiplican, y el valor del producto, o sea el resultado, lo expresa la superficie o área del rectángulo, es decir, una imagen de dos dimensiones.

Productos de tres factores

Podemos considerar que hacer una multiplicación de tres números o factores significa multiplicar dos y después repetir el producto resultante tantas veces como unidades tenga el tercer número. Con los niños no empezaremos estos productos tan pronto como los de dos factores, pero tampoco hay que dejarlos para mucho más tarde. Convendrá introducirlos, siempre a partir del material manipulable, cuando la multiplicación de dos números y sus primeras propiedades estén ya un poco consolidadas.

De una manera parecida a lo que hemos hecho antes, representaremos una multiplicación o producto de tres factores con las regletas construyendo una figura de tres dimensiones. Será un prisma rectangular en el que las medidas de las tres aristas que lo definen coinciden con el valor de los tres números que queremos multiplicar.

Por ejemplo, si queremos representar 3 × 5 × 8, podemos empezar haciendo 3 × 5. En el caso de que cojamos tres regletas del 5, nos queda un rectángulo verde. Este rectángulo lo hemos de repetir ocho veces; es decir, cogeremos ocho rectángulos iguales, de 3 × 5 y, por lo tanto, todos verdes. Pondremos uno sobre el otro y nos quedará un prisma rectangular (todo de color verde). Es evidente que si hacemos el primer producto con cinco regletas del 3, que son azules, y vamos continuando nos quedará el mismo prisma, de la misma forma y medidas que el de antes, pero ahora hecho con el color azul de las regletas del 3. Y también podríamos hacerlo con el color granate de las regletas del 8.

En la fotografía adjunta podéis observar otro ejemplo:

4 X 6 = 24

4 X 6 X 3 = 72

Ahora el valor del producto, o sea el resultado, lo expresa el volumen de todo el prisma, es decir, una imagen en tres dimensiones.

Incluso si uno de los números fuera un 1, y por lo tanto el prisma quedara reducido a una placa, el producto estaría representado en tres dimensiones, porque ahora no estamos hablando del valor (cuántos centímetros cuadrados) de toda la placa, teniendo en cuenta que tiene una altura de una unidad.

 ## ACTIVIDADES

Multiplicación o producto de dos números naturales

Empezaremos con una **advertencia**: no es aconsejable introducir la multiplicación diciendo una vez y otra que se trata de «hacer un número más grande, tantas veces...». Aunque empezamos multiplicando números naturales, y en este caso la frase es cierta, nuestros niños crecerán y un día llegarán a multiplicar, por ejemplo, por 0,5. Entonces no tienen que pensar que les hemos engañado, o que ahora se trata de otra cosa distinta. La noción de multiplicación es en todos los casos la misma: si hiciéramos un rectángulo de 8 unidades de largo y 0,5 unidades de ancho (cosa imposible con las regletas pero posible con papel milimetrado o simplemente de cuadros) veríamos que, siendo el 0,5 la mitad de la unidad de longitud, el producto total sería de 4 cuadrados enteros. O sea, que el número inicial, el 8, no ha crecido sino que ha disminuido. Recordemos que es mejor no decir ahora cosas que más adelante deberíamos rectificar.

Diferentes pasos que conviene seguir en las primeras multiplicaciones

MANIPULACIÓN Y EXPRESIÓN VERBAL
Acabamos de describir las primeras actividades de experimentación y comentarios orales, con las que pretendemos interpretar y ayudar a situar en la mente de los alumnos todo lo que hemos visto y lo que hemos hecho.

Ya se han fijado en el hecho de que, si los números son más pequeños de 10, todo el rectángulo es del mismo color. Si uno de los números pasa de 10 y el otro no, puede ser de un solo color o de dos. Por ejemplo, el producto 5 × 12 puede hacerse repitiendo cinco veces el 12 (hecho con una decena y una regleta del 2) y entonces queda de dos colores. No es que esto cambie para nada el concepto del producto, pero podemos observarlo como curiosidad.

APRENDIZAJE DEL VOCABULARIO CORRECTO
Ciertamente existen otros materiales y maneras posibles de introducir la multiplicación, pero creemos sinceramente que el uso de las regletas resulta más indicado por la potencia de su imagen visual. Es por ello que planteamos aquí el tema del vocabulario matemático, que, por lo general, suele introducirse en las primeras actividades de cada tema.

- Para expresar las primeras multiplicaciones podemos decir, por ejemplo:
  «*4 **por** 5*» o bien «*4 **veces** 5*».
- Desde el primer momento enseñaremos a los niños el signo × como propio de la multiplicación y procuraremos que lo sepan leer y escribir.
- Creemos que sería conveniente decir la palabra *producto* desde el primer momento.
- También podemos explicar a los niños y niñas que los números que se multiplican pueden llamarse *factores*. Así, en la fotografía de arriba, 4 × 6 × 3 es un producto de tres factores, que son el 4, el 6 y el 3.

CONSTRUCCIÓN Y RECONOCIMIENTO DE PRODUCTOS
Conviene, desde el principio, hacer actividades de estos dos tipos:

- Construid con las regletas los productos siguientes:
  - Siete por cinco / seis por cuatro / tres veces ocho / cinco multiplicado por uno
  - Trece por cuatro / once veces seis / tres veces veinticuatro
  - Seis por tres por siete / diez por dos por cuatro
- Dad algunos productos ya construidos, de dos o tres factores, y pedid a los niños:
  - Decid qué producto es cada uno de éstos, nombrando sus factores.

En estos momentos estamos aprendiendo a hacerlos con las regletas y a reconocer la representación material de la operación, aún no pedimos los resultados.

INICIO DE LA ESCRITURA NUMÉRICA
Después de haber practicado la expresión verbal, podemos pasar a la expresión escrita con ejercicios como los anteriores sobre el papel, procurando ir alternando los de escribir con los de leer productos. Es el momento de introducir **el signo ×** de la multiplicación y recordar que se lee **por**, tal y como hemos ido diciendo al practicar la expresión oral.

Es interesante no imponer, desde el primer momento, una sola manera de escribir la operación y, tal y como hemos hecho al hablar de la suma, aceptar algunas escrituras espontáneas de los niños siempre que no sean incorrectas.

Ejemplos de diversas escrituras válidas para empezar:

$$4 \times 5 \text{ son } 20 \ / \ 4 \times 5 \text{ hacen } 20 \ / \ 4 \text{ veces } 5 \text{ son } 20 \ / \ 4 \times 5 = 20$$

Todos ellos descubrirán al poco tiempo, sin ninguna duda, cuál es la manera más cómoda.

2. MULTIPLICACIÓN Y DIVISIÓN, OPERACIONES INVERSAS. NUEVOS SIGNOS
GAMAR OP-29.2

Podemos empezar haciendo las primeras multiplicaciones de forma inversa, así que vamos a plantear el último ejemplo del tema anterior de diversas maneras:

—A ver si sabéis construir con las regletas un producto que valga 20 y uno de sus lados valga 4.
—Queremos hacer un producto de dos números que en total valga 20 y que uno de los números sea 4. ¿Cuánto valdrá el otro?
—Si un producto de dos factores vale 20 y uno de los factores es 5, ¿cuál es el otro?
—¿Cuál es el número que multiplicado por 5 nos da 20? O bien, ¿por qué número tendremos que multiplicar el 5 para que el resultado sea 20?

En realidad, todo esto ya es iniciar la división.

En general, fuera ya de este ejemplo concreto, los niños y niñas pueden hacer cálculos de este tipo:
—A ver quién sabe cuántas veces tengo que coger el 3 para que me dé 6. ¿Y para que me dé 12? ¿Y para que me dé 18? ¿Y para que dé 24?

Es conveniente empezar a hacer estos cálculos teniendo a la vista la tabla de multiplicar, acabada de construir del 1 al 6, tal y como explicaremos en el tema siguiente. Más adelante ya podremos proponerlos como cálculo mental.

Si decimos que podemos empezar así es porque en realidad **hacer una división no es otra cosa que hacer una multiplicación de forma inversa.** Pero estamos demasiado acostumbrados a presentarla a los alumnos como la operación que sirve «para repartir», de manera exagerada y fuera de lugar, e incluso la definimos así: «Dividir es repartir en partes iguales». Y esto puede crear graves prejuicios para el día de mañana. Efectivamente, cuando nuestros alumnos sean más grandes, un día se encontrarán con divisiones de este tipo: 12 : 0,5 y entonces, si les hemos convencido y confirmado repetidamente que dividir es repartir, tendrán grandes dificultades para aceptar que el resultado de esta división es 24. Porque si yo tengo 12 caramelos no puedo entender que después de «repartirlos» tenga 24. Nos encontramos en uno de esos numerosos casos en que, por muy pequeños que sean los niños, no resulta para nada adecuado decirles cosas que matemáticamente están mal fundamentadas. Por el contrario, si desde el principio han ido trabajando la división como operación inversa de la multiplicación, incluso les puede resultar evidente que 12 : 0,5 sea 24, porque 24 es precisamente el único número que multiplicado por 0,5 da 12.

Es cierto, no obstante, que en el campo de los números naturales cuando hemos de repartir una cantidad en partes iguales utilizamos la división. Pero convendría que no la definiéramos así y que acostumbremos a expresar el porqué dividimos. Por ejemplo, si repartimos doce caramelos entre cuatro niños, les tocan 3 a cada uno, precisamente porque $3 \times 4 = 12$.

Resumiendo, la división a veces sirve para repartir, pero no es así cuando no se trata de números naturales. En cambio, la auténtica definición, como operación inversa a la multiplicación, es válida para los números naturales y para todos los tipos de números, puesto que es la definición que corresponde no a su utilidad sino a su estructura lógica.

Las regletas numéricas son un material muy adecuado para poner de manifiesto la verdadera naturaleza de la división desde el primer momento en que presentamos esta operación, tal y como hemos visto en los ejemplos anteriormente citados. Así que, aunque en el dossier 109 encontraréis más consideraciones, otros materiales y juegos con calculadora para trabajar la división, aquí vamos a tratar únicamente su introducción, porque creemos que es muy recomendable que los niños y niñas hagan las primeras divisiones con las regletas, puesto que, como ya hemos dicho, les mostrarán claramente la naturaleza de la división en relación con la de la multiplicación. Así les aseguramos una base sólida en este conocimiento.

Al iniciar con los alumnos los primeros pasos en la división, conviene que vean que el resultado no es necesariamente exacto. A veces, al construir el rectángulo constatamos que **nos sobran** algunas unidades, pero también podemos considerar que **nos faltan** algunas para poder hacer un rectángulo que tenga un lado una unidad más grande que el anterior.

Tal y como hemos hecho en todas las operaciones, los maestros hemos de informar a los alumnos del vocabulario adecuado. En este caso, lo explicitamos en las actividades que proponemos a continuación. Después de haber trabajado con las regletas y con la expresión todo cuanto se detalla, los niños y niñas podrán llegar a formular directamente:

> Dividir un número por otro es hallar un tercer número que multiplicado por el segundo nos dé el primero.

ACTIVIDADES

MANIPULACIÓN Y EXPRESIÓN VERBAL

Como acabamos de decir, se trata de formar un rectángulo con regletas iguales, sabiendo su valor total y el valor de un lado, para así hallar el valor del otro lado. Ejemplos:

- Para dividir 34 entre 4 intentamos construir rectángulos con muchas regletas del 4. Si lo hacemos con cinco o con siete, nos sobran demasiadas unidades...

Seguimos intentándolo y vemos que nos va bien un rectángulo formado con **ocho** regletas de 4. Observamos qué pasa y decimos: «34 dividido entre 4 son 8 y sobran 2 unidades».

Quizá es la primera vez que constatamos que pueden sobrarnos unidades, o sea, que la división es una operación que no siempre es exacta.

- De la misma manera, después de la multiplicación que nos ha servido de ejemplo en el tema anterior (que era 4 × 5 = 20) podemos formular, a partir del rectángulo construido, las expresiones siguientes: «20 dividido por 4 son 5» o bien «20 dividido por 5 son 4».

Constatamos que ésta sí que es exacta.

También podemos proponer directamente: «A ver si podemos encontrar un producto cuyo valor total sea 30 y que uno de sus lados sea 6. Se ha de hacer todo con regletas iguales, del mismo color». Y una vez hecho, preguntaremos: «¿Con qué regleta lo habéis podido hacer?». Responden: «Con la verde, o con la 5».

Pues esto lo podemos decir así: *30 dividido por 6 son 5 y no sobra nada.*

APRENDIZAJE DEL VOCABULARIO DE LA DIVISIÓN

- Ya hemos ido señalando algunas frases que serían correctas para expresar verbalmente las divisiones que hemos hecho. Ahora se trata de que aprendan también el vocabulario matemático correspondiente.
- El primer número de la división, que corresponde al valor del producto que conocemos, se llama **dividendo.**
- El segundo número, que corresponde a uno de los factores (un lado) del producto, se llama **divisor**.
- El resultado, que corresponde al otro factor o lado del producto, y que es el que tenemos que hallar, se llama **cociente.**
- Cuando la división no es exacta, el número de unidades que sobran se llama **resto.**

Podría darse la circunstancia de que nuestros alumnos ya hayan trabajado la división con otros materiales y ya conozcan este vocabulario. Entonces sólo se trataría de repasarlo y de constatar si saben aplicarlo correctamente.

INICIO DE LA ESCRITURA NUMÉRICA

Con papel y lápiz, empezaremos con un escrito espontáneo y seguiremos con los signos aritméticos de la división, que son más de uno:

: o bien ÷, tal y como aparece en la calculadora. Los dos significan *dividir por.*

También la raya, cuando se escribe en medio de una fracción, es signo de dividir, pero de momento, si aún no hemos trabajado las fracciones, esperaremos a que llegue el momento de introducirlo. Precisamente el signo de las calculadoras es muy útil porque recuerda los dos puntitos y la raya de las fracciones al mismo tiempo.

Diversas expresiones escritas pueden servir para expresar los ejemplos del punto anterior:

> - *34 dividido entre 4 son 8 y sobran 2 unidades. 34 : 4 = 8; resto 2*
> - *20 : 5 = 4 / 20 : 4 = 5. Lo sabemos porque 5 × 4 = 20*
> - *30 dividido por 6 son 5 y no sobra nada, porque 6 × 5 = 30*

Los niños y niñas de esta edad (probablemente a partir del tercer curso de primaria) a menudo expresan ideas que han descubierto y que son fundamentales, como por ejemplo:

—«Una división en el fondo es lo mismo que una multiplicación pero al revés, puesto que funciona igual pero empezando por el final, que es el resultado».
—«La multiplicación y la división es como si fueran la misma operación, pero no lo son; tienen cosas diferentes».
—«Funcionan igual pero en sentido contrario».

Podríamos aprovechar estos aciertos o descubrimientos para escribirlos en un papel de embalar y dejarlos a la vista de las otras clases, por ejemplo (del mismo ciclo o cercanas a la nuestra). Actividades de este tipo les animan mucho a hacer nuevos descubrimientos.

En el anexo OP-29.2 encontraréis ejemplos de divisiones practicadas de forma inversa para resolver con las regletas y también por escrito.

3. LA TABLA DE MULTIPLICAR, CONJUNTO ORGANIZADO DE PATRONES. LOS NÚMEROS CUADRADOS

La llamada *tabla de multiplicar* no es nada más que el resultado de recoger y ordenar los productos de dos factores que pueden formarse con un conjunto de números enteros, que va desde el 1 hasta el que nosotros queramos. Es necesario que estén todos los productos posibles y que no falte ninguno.

La construcción en clase de la tabla de multiplicar con las regletas requiere bastante tiempo, pero vale la pena hacerla porque provoca muchas reflexiones y porque su imagen ayuda a memorizar los productos de números dígitos, lo que ayuda mucho en el cálculo mental. Su objetivo es, por tanto, favorecer la agilidad en el cálculo.

Tenemos la costumbre de hacer la tabla de multiplicar, mayoritariamente, con los diez primeros números naturales porque, debido a nuestra base decimal de numeración, nos resultan realmente los más interesantes para calcular. Pero durante la primera mitad del curso podemos trabajar en la clase con una tabla parcial y sencilla, por ejemplo del 1 al 6, en la que el producto más grande sería 6×6. Más adelante trabajaremos ya con la tabla completa, hasta el 10×10 o el 12×12, en función de lo que el maestro o maestra vea más conveniente. Conviene acompañar tanto una como la otra con dos series de cartones o tarjetas, correspondiendo una a cada producto, y suficientemente pequeñas como para poderse poner directamente encima.

- Las de la primera serie tienen escritos todos los productos: 1×1 / 1×2..., hasta el 6×6 en la primera tabla y hasta el 10×10 o el 12×12 en la segunda. Por tanto, se trata de una serie de 36 tarjetas para la tabla parcial y de 100 o 144 para la tabla grande.
- La segunda serie consta de tantos cartones como la anterior pero, en vez de los productos, tienen escritos únicamente los resultados. Así pues, en la tabla parcial estarán los números 1, 2, 3, 4, 5, 6 para la primera fila; 2, 4, 6, 8, 10 y 12 para la segunda, etc.

Encontraréis las plantillas de las dos series en el anexo OP-30.

Propiedades o características especiales de la tabla de multiplicar

Observando muy bien la tabla de multiplicar construida con las regletas, los alumnos podrán descubrir algunas de sus características. Nosotros las intentaremos descubrir aquí mirando la fotografía.

- Los productos que forman la tabla se sitúan formando un cuadrado grande que tiene tantas filas como columnas.
  Los valores de los productos de cada fila van creciendo de manera constante: los de la primera de 1 en 1; los de la segunda de 2 en 2... hasta los de la fila sexta, de 6 en 6. Con los productos de las columnas pasa exactamente igual.
- Por eso podemos decir que **cada fila y cada columna es un patrón de crecimiento constante**, pero diferente según el número que la encabeza.
- La tabla podría no acabarse nunca. Siempre podemos ir más lejos, tal y como pasa con los números. **Puede llegar hasta el infinito.**

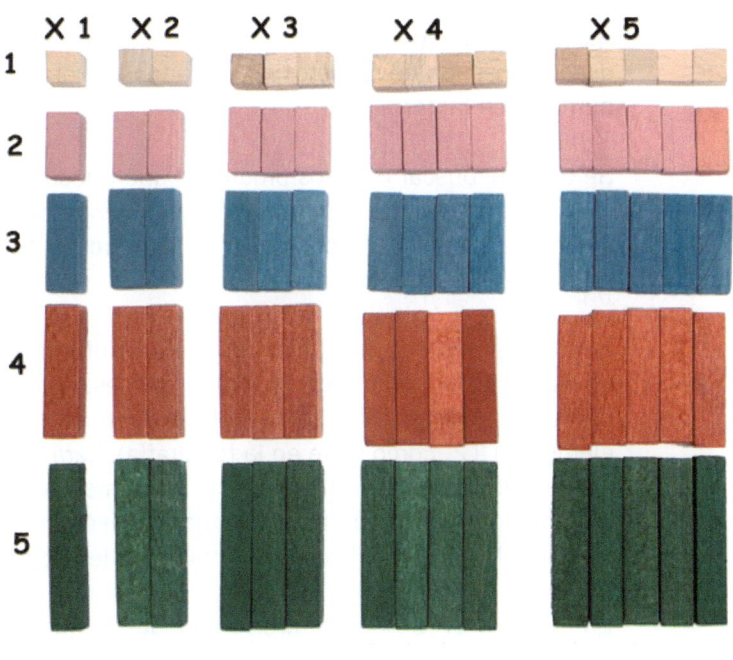

- Si la dibujamos sobre un papel grande y trazamos una recta en la diagonal principal, vemos que **los productos de esta diagonal son especiales: son cuadrados.**
- Doblamos la tabla por la diagonal que hemos trazado; podemos hacerlo con el papel sobre el que la hemos dibujado, o poniendo directamente cada producto de una columna encima del que le corresponde en una fila, que se caracteriza por los mismos números pero en orden inverso. Descubrimos que **cada producto tiene otro, de diferente color pero con la misma forma y medida, y los dos son simétricos.**
- **Toda la tabla es simétrica respecto a su diagonal principal.**

ACTIVIDADES

- En primer lugar, es interesante que sean los propios niños y niñas los que vayan construyendo la tabla. Después será interesante conservarla todo el curso, enganchada en un papel o en una madera, teniéndola al alcance para que puedan mirarla, comentarla y utilizarla siempre que lo crean oportuno.
- Repartimos la primera serie de cartones entre todos los niños y les pedimos que vayan colocando cada uno encima del producto correspondiente. Este primer ejercicio es muy fácil.
- Después haremos lo mismo con la segunda serie de cartones. Esta vez se trata de algo mucho más difícil pero, sin duda, muy interesante.
- Es posible que ellos mismos muestren interés por aprenderse de memoria el valor de cada producto.
- Iremos descubriendo progresivamente todas las características de la tabla expuestas anteriormente, hablaremos de ellas y comprobaremos cada peculiaridad con el material. Los alumnos pueden preguntarse por qué pasan estas cosas.

No sólo se ha de constatar que pasan una serie de cosas curiosas, ni pensar que eso sólo es divertido para los pequeños. A partir del segundo ciclo de primaria los niños y niñas deberían ser conscientes de que estas cosas no pasan por azar, sino que pasan por unas leyes matemáticas que están en el fondo de todas las operaciones, y que el hecho de ir conociéndolas puede ser interesante.

4. DESCOMPOSICIÓN DE NÚMEROS EN DOS O TRES FACTORES. EQUIVALENCIAS ENTRE PRODUCTOS GAMAR OP-34

Así como, cuando los niños y niñas ya saben sumar, una de las actividades más interesantes es la descomposición de números en sumandos, ahora también es importante trabajar la descomposición de números en factores.

Se trata de buscar diversos productos que puedan formarse como rectángulos de regletas iguales y que tengan como resultado un número dado previamente.
A esto se le llama **descomponer el número en factores**, o hacer la descomposición factorial de un número, o bien «factorizar» el número.

Al hacer la descomposición de un número determinado en factores hay que tener en cuenta que se trata de hacer el rectángulo con regletas iguales, es decir, todas del mismo número. Cuando se trate de números inferiores a 10, serán regletas del mismo color; cuando se trate de números mayores de 10 (por ejemplo el 12, como se ve en la fotografía), serán forzosamente de dos colores, puesto que los tenemos que hacer con decenas (marrón) y un número dígito (el 2, que es rosa). Pero en todos los casos el rectángulo se ha de formar repitiendo un mismo número. A veces es necesario advertírselo a los alumnos porque ellos querrían hacer un rectángulo lleno de colores, que seguramente sería más bonito.

En el anexo OP-34 encontraréis una muestra que concreta una manera de plantear la actividad. Seguro que podréis ampliarla.

DE VALOR 24

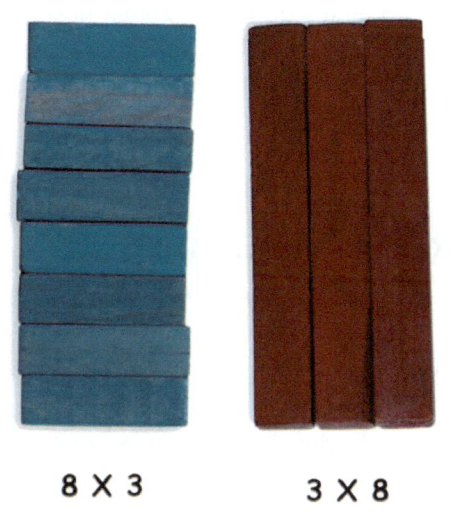

8 X 3　　　**3 X 8**

6 X 4　　　　　**4 X 6**

2 X 12

12 X 2

 **ACTIVIDADES**

A continuación añadimos algunos comentarios.

La primera parte (marcada con un **1**) es muy interesante por diversos motivos:
- Hace trabajar la operación de forma inversa: a partir del resultado, encontrar los datos.
- Las respuestas en cada caso son diversas y el número de posibilidades depende del número del que partimos.
- Para resolverla, niños y niñas tienen que repasar todos los aspectos y nociones de la multiplicación que ya conocen, por lo que resulta una evaluación real.
- Por eso es muy adecuada para consolidar la noción de producto.
- El dominio de esta actividad es muy útil para el cálculo mental.
- Más adelante, al trabajar la divisibilidad, pasará a ser indispensable.

La segunda parte (**marcada con un** 2) **completa el trabajo de la descomposición:**

- Consideraremos productos *equivalentes* aquellos que tienen no únicamente el mismo resultado, sino incluso la misma forma cuando los hacemos con las regletas, aunque sean de diferente color.
- Los niños y niñas encuentran a continuación las parejas de productos equivalentes, poniendo un rectángulo de las regletas debajo de otro y comprobando que coinciden en tamaño y forma.
- Al mismo tiempo, esto abre una nueva ventana: en los productos de dos factores, si cambiamos el orden en que los consideramos resulta que no cambia nada.
- También conviene que se les plantee un interrogante que podemos formular así: «¿Creéis que, para cada descomposición factorial, encontraremos siempre otra equivalente? Probad con el 25».
- Entonces descubriremos que hay algunos productos de dos factores a los que les pasa como al 25 (que es 5 × 5): sólo encontramos uno. El equivalente sería él mismo y será de un solo color porque se forma multiplicando dos números iguales. Son, precisamente, aquellos que habíamos encontrado en la

diagonal de la tabla de multiplicar, y son, además, de forma cuadrada. Por eso se les llama **los cuadrados**. Más adelante, en el bloque III, los estudiaremos de manera especial.

Último punto: podemos aplicar todas estas actividades e ideas a los productos de tres factores: buscar los equivalentes, etc., y llegar a descubrir que hay unos especiales, que son los **cubos,** que se pueden construir con regletas todas iguales o con cuadrados también iguales. Los estudiaremos en el bloque III.

5. PAPEL ESPECIAL DEL 1 Y DEL 0. PRIMERAS PROPIEDADES DE LA MULTIPLICACIÓN Y LA DIVISIÓN   GAMAR OP-42.1

1. ¿Qué papel tiene el número 1 en las operaciones de multiplicar y dividir?

En los temas 2 y 3, al presentar respectivamente la multiplicación y la división, ya hemos podido constatar que el 1 tenía un papel especial en estas operaciones.

Nosotros sabemos que a este número podemos denominarlo, en lenguaje matemático, *elemento neutro* de la multiplicación y, por tanto, también de la división. Sabemos que eso quiere decir que a cualquier número (natural o irracional, o de cualquier tipo) el hecho de multiplicarlo o dividirlo por 1 no le afecta en nada. Los niños suelen descubrir esto, que no es nada difícil de constatar ni de comprender, como un hecho con el que se van encontrando de vez en cuando. Lamentablemente, los adultos no suelen considerar conveniente comentarlo con ellos y ayudarles a que sean conscientes de esto.

Al cabo de un tiempo, si nuestros alumnos han ido observando estos fenómenos y han ido además madurando en general, llegarán a comprenderlos como una ley lógica de las operaciones y podrán formularlas de manera general y compararlas con lo que pasa con el 0 en la suma y la resta.

 **ACTIVIDADES**

Se trata simplemente de observar, plantear interrogantes y sacar conclusiones.

• Hacemos los siguientes productos con las regletas: 8 × 1 =... / 6 × 1 =... / 1 × 5 =...

Se trata de recoger y aprovechar los comentarios de los alumnos, por ejemplo:
—«Nos han salido unos rectángulos tan delgados como una regleta...»
—«Es como si no hubiéramos multiplicado...»
—«Yo creo que el 1 no sirve para multiplicar...»

• Ahora lo intentaremos con algunas divisiones: 3 : 1 =... / 7 : 1 =...

—«Pasa lo mismo que antes...»
—«El 1 no cuenta ni para multiplicar ni para dividir».
—«La multiplicación y la división funcionan igual en eso de no cambiar con el 1».

Como formulación final, ya en la etapa de secundaria, pueden llegar a decir:

> Dos operaciones de la misma familia tienen el mismo número neutro.
> La suma y la resta tienen como número neutro el cero: 0.
> La multiplicación y la división tienen como número neutro el uno: 1.

2. ¿Qué papel tiene el número 0 en estas operaciones?

Los niños y las niñas, que no han tenido ninguna dificultad para comprender el papel del elemento neutro del 0 en la suma y la resta, por lo general se quedan muy sorprendidos ante el papel del mismo 0 en la multiplicación y la división. Habrá que tener cuidado y no plantear este tema hasta que no dominen suficientemente estas operaciones. Entonces, como en los casos anteriores, podemos hacer propuestas sencillas, recoger los comentarios, reconducirlos con nuestras respuestas y formular conclusiones.

Ejemplos de posibles comentarios y respuestas:
—«El cero es demasiado especial, no nos permite hacer nada».
—«No nos da ningún resultado porque al multiplicar un número por 0 siempre da 0».
—«Es natural, porque multiplicar por 0 significa no cogerlo **ninguna vez**».
—«Si no lo añadimos ninguna vez, entonces no tenemos nada...»
—«No podemos hacer el rectángulo. No existe ninguna regleta que valga 0. ¡No es real!»
—«¡Bien dicho! Cualquier rectángulo que tenga un lado 0, tendrá área 0».

> El número 0 es muy especial para la multiplicación.
> Cualquier número multiplicado por 0 da como resultado 0.
> Debido a esto, no es posible dividir cualquier número por 0, porque nunca encontraríamos ningún número que multiplicado por 0 nos dé el que teníamos antes.

Todo esto nos puede ayudar a conocer mejor las operaciones que estamos trabajando.

3. Propiedades de la multiplicación y la división

Entre las propiedades de las operaciones de multiplicar y dividir, destacaremos cuatro: tres de ellas referentes a la multiplicación y la división combinadas, que trataremos en este tema, y otra propiedad, llamada *propiedad distributiva*, referente a la multiplicación o la división combinadas con la suma o la resta, que dejaremos para el tema 6.

3.1. Cambiando el orden de los factores

Tan sólo teniendo en consideración las primeras definiciones de la multiplicación con dos o tres factores, vemos claramente que el orden en que los cojamos para hacer la operación no influye en el resultado.

Por tanto, de las actividades hechas hasta ahora, los alumnos, a partir de cuarto de primaria, pueden deducir fácilmente conclusiones de este tipo: $4 \times 5 = 5 \times 4$, $3 \times 25 = 25 \times 3$ y también $8 \times 4 \times 5 = 5 \times 4 \times 8 = 5 \times 8 \times 4$, etc.

Lo que nos interesa en clase es que los niños lleguen a esta primera propiedad de la multiplicación a partir de la evidencia que observan cuando multiplican con las regletas numéricas, y que, si es posible, lleguen hasta aquí solos.

Después nosotros les informaremos de que esto es un fenómeno propio de la multiplicación, que denominamos *propiedad conmutativa*. La palabra *conmutar* significa «cambiar», y si la aplicamos aquí es para decir que podemos cambiar el orden de los factores.

Conclusión:

> *Cuando hacemos diversas multiplicaciones combinadas, podemos cambiar el orden de los factores, pero el resultado no cambiará nunca.*

Es el momento de constatar que con la división, aún siendo de la misma familia, esto no pasa. Sería muy diferente 10 : 2 que 2 : 10. Por eso va bien que cada uno de los dos números de la división tenga un nombre distinto.

3.2. Cambiando el orden en que hacemos las operaciones

Consideramos diferente la propiedad conmutativa aplicada no a los factores, como en el caso anterior, sino a las mismas operaciones, en el caso de aplicar dos o más seguidas. Aunque no lo parezca, se trata de cuestiones distintas.

Lo expondremos a través de unas...

ACTIVIDADES

Como ejemplo del segundo caso que hemos expuesto, haremos una multiplicación y una división seguidas con las regletas. Se trata de ver qué pasa si después cambiamos el orden en que las hacemos, pero sin cambiar los números.

Las dos operaciones son × 2 i : 5. Punto de partida: el 20.

Se trata de hacer 20 × **2 : 5** y después 20 **: 5 × 2** y comparar los resultados.

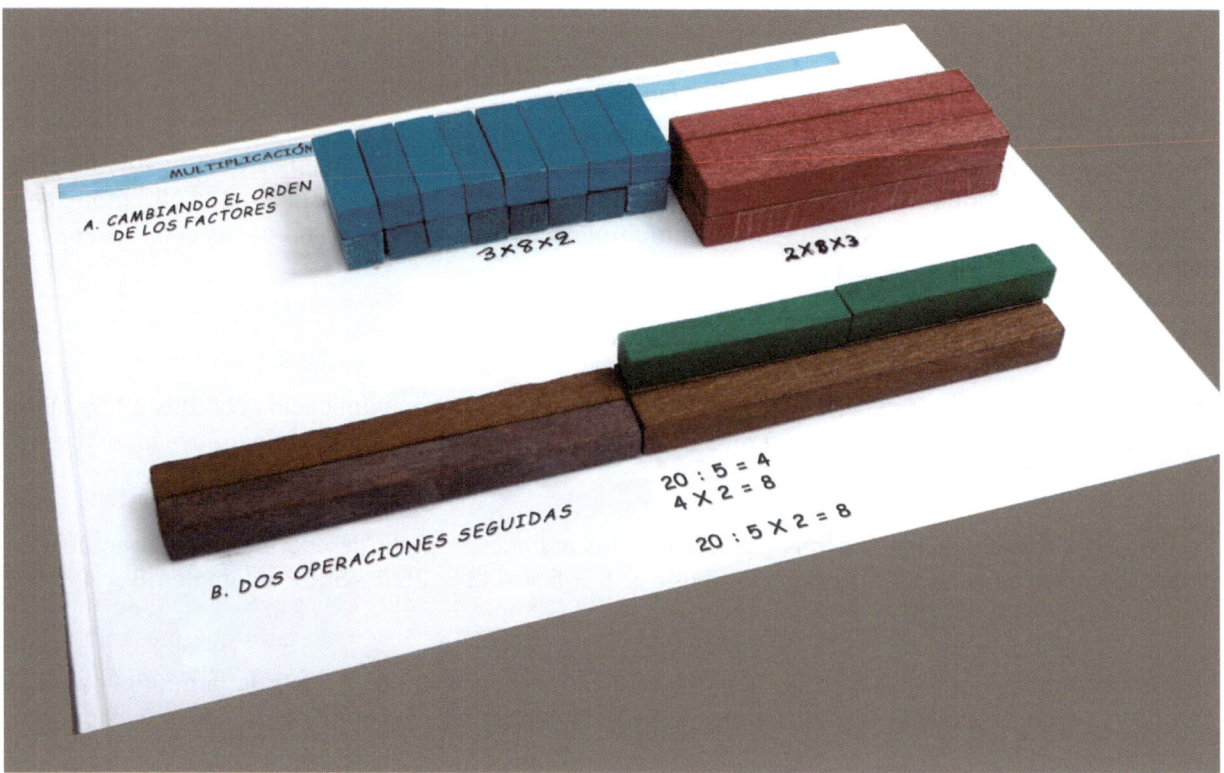

A. Haremos primero la multiplicación y después la división

Como siempre, empezaremos por la izquierda, calculando cuánto vale 20 dos veces.
Con las regletas tendremos el 20 (dos regletas de 10, una seguida de la otra) multiplicado por 2, un rectángulo de 20 unidades de largo por dos de ancho.

10 cm	10 cm
10 cm	10 cm

Primera operación: $20 \times 2 = 40$.

Ahora se trata de dividir el resultado actual por 5, lo que significa buscar un número que multiplicado por 5 dé 40. Para ello tenemos que formar un producto con regletas del 5 y ver cuántas necesitamos. Es fácil, porque de regletas del 5, en cada una del 10, caben 2. Por tanto, hemos de poner 8.

5 cm

Segunda operación: $40 : 5 = 8$. El resultado es **8** (lado largo del rectángulo).
La dos operaciones seguidas las podemos escribir así: **$20 \times 2 : 5 = 8$**

B. Ahora haremos primero la división y después la multiplicación

Cambiaremos *el orden en que haremos las dos operaciones*, empezando siempre a partir del número 20.

$$20 : 5 \times 2$$

Para hacer 20 : 5 con regletas construimos un rectángulo de valor total 20 con regletas del 5 y vemos que necesitamos 4.

El rectángulo también se puede hacer con 5 regletas del 4.

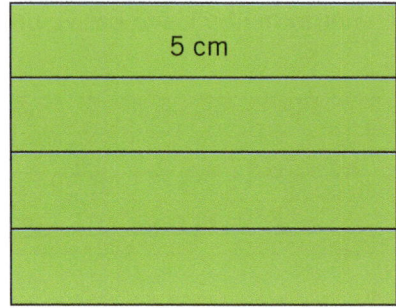

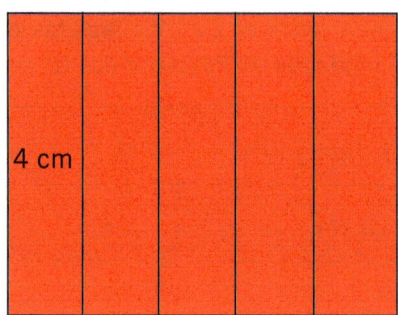

Primera operación 20 : **5** = 4. El resultado es 4 (lado pequeño del rectángulo).

Ahora tenemos que hacer la segunda operación, que será multiplicar el 4 que tenemos por 2.

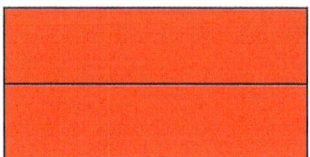

Segunda operación: 4 × **2** = 8

Las dos operaciones seguidas las podemos escribir así: **20 : 5 × 2 = 8**

El resultado final es el mismo que antes.

Conclusión:

Cuando hacemos multiplicaciones y divisiones combinadas podemos cambiar el orden de las operaciones y el resultado no cambiará.
Lo que hay que hacer es conservarle a cada operación el signo que lleva delante.

Un comentario:

En esto sí que se nota que estas dos operaciones son de la misma familia.

3.3. Agrupando los números de diferentes maneras

Se trata de hacer multiplicaciones y divisiones agrupando algunos de los números que intervienen de maneras diferentes y de descubrir que eso siempre es posible.

Presentamos un ejemplo de actividad para practicar esto en el anexo OP-42.1, en el que proponemos a los alumnos dos maneras diferentes de agrupar las operaciones y les pedimos, además, que busquen las razones que puede haber tenido una persona para decidirse por cada una de ellas. Esto les hace ponerse personalmente en el lugar de la persona que ha escogido una determinada opción y les ayuda a descubrir que cada uno puede tener unas razones diferentes para actuar de una manera u otra. Y que también a ellos, en ocasiones, les puede resultar ventajoso el hecho de pensar en cómo reunir las operaciones antes de hacerlas.

Añadimos aquí unas cuantas respuestas de algunos alumnos con respecto a las dos cuestiones propuestas.

Para la primera propuesta:
—«Que agrupando dos, dos veces, será más fácil».
—«Que quiere empezar por el 16 : 8 porque ya sabe de memoria que son 2».
—«Que si hace primero las divisiones tendrá números más pequeños y será más fácil».

Para la segunda propuesta:
—«Le gusta separar las multiplicaciones de las divisiones».
—«Piensa que es mejor hacer primero todas las divisiones que se pueda, y que ya ve que 16 : 8 : 2 = 1».
—«Entonces sólo tiene que hacer una operación fácil, que es 4 × 5 = 20».

Naturalmente, la actividad es más enriquecedora cuando se ponen en común y se discuten las diversas respuestas.

Conclusiones:

Después de haber experimentado con el material y de haber ayudado a los alumnos a generalizar, deberíamos llegar juntos a unas conclusiones que podríamos formular de manera parecida a las anteriores, por ejemplo:

> Cuando hacemos multiplicaciones y divisiones combinadas, el resultado no cambia si primero hemos agrupado los números de la manera que mejor nos convenga. Sólo hemos de tener cuidado de no cambiar el signo que tiene escrito delante cada número, porque es el número que señala la operación, y ésta no tiene que cambiar.

Es muy importante llevar todas estas conclusiones a la práctica, es decir, saber utilizarlas para el cálculo, especialmente en el cálculo mental.

Si los niños y niñas han trabajado bien, es posible que surja la siguiente pregunta:
—Y si hacemos productos o divisiones combinadas con sumas y restas, ¿nos pasará lo mismo que antes?
—Éste es un tema muy distinto, y lo estudiaremos más adelante.

Ilustración LLUIS FILELLA (ed. Onda)

A veces aplicamos operaciones de multiplicar o dividir no directamente a un número sino a una suma o a una resta. Entonces se nos podría plantear un interrogante respecto al orden más conveniente de resolverlas. ¿Será igual hacer la suma primero y aplicar la multiplicación al resultado, que hacer primero la multiplicación aplicada a cada sumando y después sumar los resultados parciales?

Precisamente este tipo de interrogante es el que conviene que planteemos a nuestros alumnos, niños y niñas de los últimos cursos de primaria, para que con las regletas puedan experimentar, haciendo tantas pruebas como necesiten, y descubrir con claridad cuál es la ley que se cumple siempre como consecuencia de la naturaleza de cada una de las operaciones que intervienen en cada caso.

Las regletas nos ofrecen una imagen directa y clarísima de la situación.

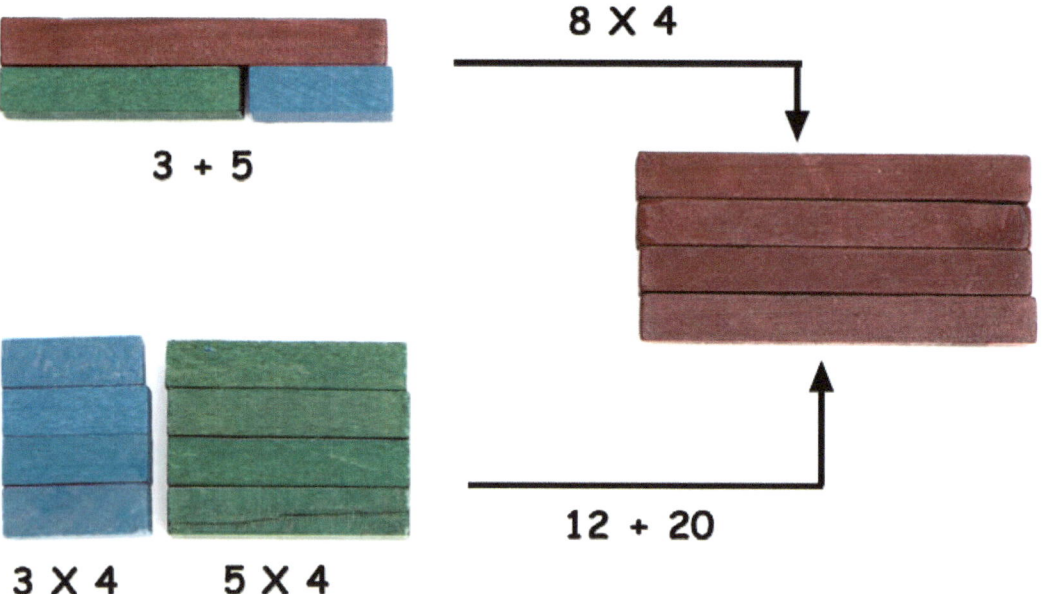

Se trata de repetir cuatro veces, es decir, multiplicar por 4 la suma de 3 + 5, haciéndolo de dos maneras diferentes:

En la parte de arriba, primero hemos reunido las regletas del 3 y del 5, que nos dan una del 8. En el segundo paso que muestra la flecha, se ha cogido la del 8 cuatro veces, es decir, tenemos un rectángulo de 4 × 8.

En la parte de abajo, sin embargo, hemos cogido cuatro veces la regleta del 3 y cuatro veces la del 5. Por lo tanto, tenemos dos rectángulos o productos de valor 12 y 20, respectivamente. En el segundo paso, que muestra la flecha, reunimos estos dos productos y vemos que tienen exactamente la misma forma y tamaño que el del resultado anterior (en realidad, deberíamos colocarlos uno sobre el otro para constatarlo).

Después de hacerlo con el material y de comentarlo, podemos pasar a la expresión escrita con números y signos (3 + 5) × 4 = 3 × 4 + 5 × 4.

Resulta imprescindible el uso del paréntesis y puede ser una muy buena ocasión para introducir este signo.

En el anexo OP-42.2 encontraréis una actividad, como ejemplo de esta situación, para descubrir la respuesta a nuestro interrogante anterior.

Conclusiones:

Es conveniente que acabemos formulando correctamente con nuestros alumnos la ley que hemos descubierto:

Para multiplicar un número por una suma se puede hacer de dos maneras:

- **Resolver** primero la suma **del paréntesis** y multiplicar el resultado **por el tercer número.**
- **Primero** multiplicar el número de delante por cada sumando y **después sumar los resultados.**

Las dos maneras de hacerlo dan el mismo resultado, porque ambas respetan el paréntesis y los signos de cada operación.
Sucede lo mismo cuando se trata de multiplicar un número por una resta.

Esta ley se llama **propiedad distributiva de la multiplicación** respecto de la suma y de la resta.

Pasa lo mismo cuando dividimos una suma o una resta por un número: podemos sumar o restar primero y después dividir, o primero dividir cada número y a continuación sumarlos o restarlos.

Con todo esto vemos muy bien que la suma y la resta son un tipo de operación y la multiplicación y la división son otro tipo, o de otra familia.

Es muy conveniente también que los niños y niñas lleguen a la conclusión siguiente:

Todas estas leyes que hemos descubierto seguro que nos irán muy bien para hacer con mayor facilidad el cálculo mental.

7. MULTIPLICAR POR 10, 100, 1.000... GAMAR OP-31

Es muy fácil aprender la norma de multiplicar por 10, 100, 1.000, etc., añadiendo los ceros correspondientes, pero cuando trabajamos con las regletas no queremos que los niños y niñas se aprendan una norma, lo que queremos es que vean lo que pasa, reflexionen, comprendan y, si es posible, que descubran ellos mismos la ley numérica que rige el proceso.

Es muy importante que esta ley ya esté muy clara en la mente de los alumnos cuando les propongamos por primera vez el algoritmo de la multiplicación, que será el objetivo del tema 8. En realidad, lo que trabajamos ahora es la base y la justificación de las acciones que tendrán que hacer al multiplicar por escrito.

Para favorecer una buena comprensión, presentamos una propuesta de actividades bien detalladas y organizadas en cinco fases.

ACTIVIDADES

1. Multiplicar por 10 un número de una cifra

Sabemos que para esto hay que hacer un rectángulo que tenga como anchura el primer número y como longitud 10.

Por ejemplo, con el 4 × 10 lo haríamos así:

O también podemos hacerlo así:

Es como si alargáramos cada una de las unidades del 4 hasta convertirlas en una decena. Constatamos que ahora, en vez de cuatro unidades, tenemos cuatro decenas, en total 40. Podemos escribir: 4 × 10 = 40.
El resultado se escribe con el mismo número que teníamos seguido de *un cero detrás.*

Añadir un 0 a la derecha nos ha servido para multiplicar el número que teníamos por 10.

2. Multiplicar el mismo número por 100 y por 1.000

Del mismo modo, multiplicar nuestro número por 100 consiste en convertir cada unidad del número en una centena. Tendríamos que hacer un rectángulo muy largo, y resulta un poco incómodo hacerlo con cuatro tiras de regletas largas como el 100. Será mejor cambiar cada unidad de nuestro número por una centena en forma de cuadrado del 10, que ya sabemos que vale 100.
Así pues, el resultado es cuatro placas cuadradas del 100. Tenemos 4 × 100 = 400. Constatamos que el resultado se escribe con el mismo número que teníamos seguido de *dos ceros detrás.*

Añadir dos ceros (00) a la derecha nos ha servido para multiplicar el número que teníamos por 100.

3. Multiplicar cada uno de los números 1, 10, 100, 1.000, por 1, por 10 y por 100

Es recomendable pararse a hacer igual que antes, precisamente a partir de los números 1, 10, 100..., y constatar, experimentando con el material, que 10 × 10 = 100, que 10 x 100 = 1.000, etc., y también que 100 × 10 = 1.000, etc. Evidentemente, se trata de la misma ley de antes, pero conviene que en estos casos los niños y niñas se la formulen explícitamente. Ahora que ya han practicado con el material, podemos hacerlo por escrito, por ejemplo con fichas de trabajo como las que encontraréis en la primera parte de nuestro anexo.

4. Multiplicar por 10, por 100 y por 1.000 un número de dos cifras

Ahora los alumnos ya saben multiplicar por 10 y por 100 las unidades y también una decena y ya suelen ver, de manera espontánea, que para multiplicar por 10 un número de dos cifras, que tiene dos, tres... decenas, serán necesarios los dos ceros, uno que es el del número y otro que es el de multiplicar por 10.

30 × 10 = 300. En casos como 34 × 10 lo haremos por partes, y así obtendremos: 300 + 40, que serán 340. Ya se veía que sería como el 300 pero guardando el lugar de las decenas para las cuatro decenas que vienen de multiplicar el 4. La ley, por tanto, es siempre la misma:

> Para multiplicar un número entero por 10, le añadiremos un 0 (0).
> Para multiplicarlo por 100, añadiremos dos (00).
> Para multiplicarlo por 1.000, añadiremos tres (000).

5. Generalizar los resultados obtenidos a números de más cifras

Ya hace rato que estamos generalizando. El hecho de pasar de los casos particulares a la norma general es propio de los niños y niñas. Podemos empezar a hacerlo, ayudándoles nosotros como en el caso que nos ocupa, a partir de los diez años, aproximadamente. Más adelante lo harán ellos solos. Es importante no forzarlo, pero podemos ir dándoles ocasiones diversas para practicarlo, no sólo con las operaciones sino también con ejercicios de lógica, geometría, probabilidad, lenguaje, etc.

Lo que no sería consecuente sería pretender que dominaran el algoritmo de las multiplicaciones sin una comprensión previa razonable.

En el anexo OP-31 encontraréis un ejemplo de ficha de trabajo en relación con los puntos 3 y 4 del planteamiento anterior.

8. MULTIPLICACIONES Y DIVISIONES CON NÚMEROS GRANDES
GAMAR OP-47

El objetivo de este tema no es precisamente enseñar a los niños y niñas la manera de practicar los algoritmos de la multiplicación y de la división con números de dos o más cifras, sino consolidar la noción de estas operaciones ligada a la construcción de un rectángulo, y viendo que sigue siendo perfectamente válida para los números mayores de 10. Una multiplicación o una división de dos números grandes es la misma operación, respectivamente, que la multiplicación o división de dos números dígitos. Y esto se hace evidente porque con las regletas se hace de la misma manera, construyendo siempre un rectángulo en el que la longitud de cada lado corresponde a un factor. Es importante que esto quede claro porque hemos visto que, a veces, siguiendo el proceso de aprendizaje del «programa obligado», hay niños que creen que hay diferentes categorías de multiplicaciones y divisiones: las que hacemos con las regletas, las que hacemos con la calculadora, y las más difíciles, las que hacemos escritas con números de dos, tres o más cifras, para las que tenemos que saber todas las tablas y en las que hay que hacer muchas cosas en un orden determinado. Y aún hay más, con dibujos, diagramas de árbol, etc.

En este tema queremos insistir en el hecho de que todas las operaciones, incluso las que tienen números grandes, pueden hacerse con las regletas. Esto ayuda a comprender su naturaleza. También ayuda el hecho de comparar esta manera de hacerlas con otros algoritmos basados en representaciones gráficas. Una vez asimilado el concepto, sería normal hacerlas con la calculadora.

ACTIVIDADES

Construcción de un producto de números de dos cifras y comentario de la fotografía

Para ayudar a ver la relación entre lo que hacemos con material y lo que hacemos por escrito, es aconsejable que, después de la construcción de un producto con las regletas, constatemos la coincidencia entre los diferentes pasos que hemos ido dando y los del algoritmo escrito.

Se trata de hacer el producto siguiente: **23 × 15.**

El lado más largo del rectángulo hace 23. Arriba hemos puesto las regletas correspondientes a este número, sólo como orientación. Cuando hayamos construido el producto las quitaremos.

Hacemos lo mismo con el lado corto del rectángulo, que corresponde al número 15.

Para llenar todo el rectángulo, lo primero que se nos ocurre, generalmente, es asegurar la parte más grande, empezando por poner las centenas (placas de 10 × 10, es decir cuadrados de 10). Ponemos dos y así ya tenemos una primera parte del rectángulo, la que vale 200.

En un papel aparte podemos escribir: 10 × 20 = **200.**

Hemos de llenar dos partes más que serán vecinas de la parte central. Las haremos con decenas: una a la derecha, de 3 decenas, y una de 5 veces 2 decenas abajo.

Si queremos tenerlo en el papel, escribiremos: 3 × 10 = **30**; 5 × 20 = **100**.

Nos falta llenar un rectángulo más pequeño en la punta inferior de la derecha. Lo haremos con cinco regletas del 3 o con tres regletas del 5. Escribiremos: 3 × 5 = **15**.

Sumamos todos los resultados parciales, escritos uno debajo del otro, y tenemos **345**.

En el anexo OP-47 encontraréis esta misma actividad.

Comparación con el algoritmo de la multiplicación escrita:

A continuación se nos ocurre pensar que los productos parciales que hemos ido haciendo son los mismos que aparecerían al hacer esta multiplicación por escrito, de la manera clásica.

Marta, una niña de quinto curso de primaria, el primer día que vio una multiplicación así dijo:
—La hemos hecho por partes. ¡Claro!, ya lo entiendo. La hemos tenido que hacer por partes porque los números también van por partes: una parte son las decenas y la otra las unidades.

Con este comentario puso el acento en el quid de la cuestión: la complejidad de los algoritmos escritos no viene de las operaciones, sino que es consecuencia del hecho de que organizamos los números y los expresamos en base decimal. Si nos propusiéramos que los alumnos entendieran las acciones consecutivas de cualquier algoritmo, no deberíamos prepararlos a base de repeticiones o adiestramiento. Deberíamos explicarles las causas y, además, de manera que fueran capaces de verlas. Las regletas nos ofrecen, en este sentido, una gran oportunidad: por lo general, los alumnos que han visto y tocado lo que acaban viendo como evidente aceptan el algoritmo como algo más normal. Quizá no es necesario que aprendan a hacerlo, éste es un tema hoy en día discutido, pero siempre es positivo que comprendan que tiene una lógica interna en la que concurren la estructura de la operación y la de la base decimal.

Podemos coger una calculadora y hacer nuestra multiplicación y alguna otra más difícil. A continuación, podemos comentar con los alumnos que justamente todos estos cálculos, y los mismos pasos que hemos hecho nosotros con las regletas, son los que hace la máquina en su interior y a una gran velocidad. Una ocasión para admirar y celebrar el progreso de la técnica.

Finalmente nosotros, los maestros, conviene que nos fijemos en un detalle: cuando hemos construido el algoritmo no hemos empezado escribiendo las unidades, o sea el pequeño rectángulo de 3×5, sino que hemos empezado por las centenas, simplemente por sentido común.

En cambio, si damos a un niño o niña esta multiplicación, normalmente la escribe así:
$$\begin{array}{r} 23 \\ \times\,15 \\ \hline \end{array}$$

Y él intenta empezar por las decenas (es decir, 1×2, o bien 2×1). Es probable que le digamos: «Lo estás haciendo mal». Y es cuando nosotros, los adultos, nos equivocamos, porque no es verdad que lo haga «mal». De hecho, se puede empezar la operación por donde se quiera. Lo que ocurre es que para hacerla por escrito *resulta más cómodo* empezar por las unidades, es el camino más fácil para no tener que borrar si después nos salen decenas inesperadas... Pero, por una propiedad intrínseca de la operación, podemos empezar por donde queramos, siempre y cuando coloquemos adecuadamente y en su lugar los diferentes órdenes de unidades.

Construcción de una división con números de dos o tres cifras:

Proponemos la división siguiente: 416 : 27.
Se trata de construir un producto, o sea, un rectángulo que en total valga 416 y que uno de sus lados sea 27. El resultado de la división será el valor del otro lado, que es el que hemos de hallar.

En la parte de arriba, junto al que será el lado que conocemos, ponemos las regletas correspondientes al 27 como orientación; después las quitaremos.

Los alumnos cogen el 416 en la forma normal, es decir, 4 centenas, 1 decena y 6 unidades.
De momento, podemos empezar a hacer el rectángulo poniendo dos centenas. A continuación vemos que no iría bien poner las otras debajo, porque con el material que quedaría (1 decena y 6 unidades) no podrían completar el rectángulo hasta un largo de 27. Por tanto, las 2 centenas y el 16 que hay que colocar habrá que cambiarlas por decenas.

Es imprescindible, como podemos ver, que los alumnos tengan mucha práctica y agilidad para cambiar unas regletas por otras diferentes, las que cada situación concreta requiere, tanteando y manteniendo siempre el valor total.

Después del cambio disponemos, por tanto, de 21 decenas y una regleta de 6.

Los niños y niñas ponen siete decenas a continuación de las dos centenas para llegar al valor de 27 que tenemos señalado; les quedan catorce y el 6, que va suelto.

Han de colocar las decenas debajo de las centenas para ir completando el rectángulo. A menudo la primera reacción es poner siete y siete, pero enseguida se dan cuenta de que les faltarán para llenar el rectángulo del rincón y quitan algunas, por ejemplo, cuatro. Se trata de ir probando y rectificando.

Ahora les quedan diez decenas y el 6.

Ven que el rectángulo del rincón ha de tener un lado de 7 de largo, por lo tanto necesitan regletas del 7. Cogen cuatro decenas para cambiarlas por regletas del 7; pueden obtener cinco del 7, más una del 5 (ya que $40 = 5 \times 7 + 5$). No es necesario que lo calculen previamente, lo van encontrando sobre la marcha. Algunos piensan que es mejor cambiar las dos regletas sueltas, la de 5 y la de 6, por una de 7 y una de 4; otros no lo ven así, pero el resultado es el mismo.

Ahora pueden construir filas de valor 27 (cada una con dos decenas y una regleta amarilla del 7, o sea el 27 de largo que buscamos) y ponerlas debajo de lo que se ha construido. Constatan que caben cinco (en total diez decenas y cinco regletas del 7).

El rectángulo ya está completo. Han sobrado dos regletas sueltas, que suman 11. Se acaba haciendo la lectura del lado del rectángulo que hemos obtenido: **15.**

Así pues, podemos escribir: $416 : 27 = \mathbf{15}$ Resto: 11

También podemos descubrir que:

Multiplicando el cociente por el divisor y sumando el resto obtenemos el dividendo.

9. LAS REGLETAS Y LOS NÚMEROS FRACCIONARIOS GAMAR NO-54

Tal y como ya hemos dicho en la presentación general de las regletas, éste es un material adecuado para trabajar la aritmética de los números naturales, pero no para trabajar los números racionales, o sea, los números fraccionarios y decimales.

Los números fraccionarios ya los hemos tratado extensamente en el dossier 102. Los negativos y decimales los podemos encontrar en el dossier 109.

Aquí hacemos sólo una breve incursión en el campo de las fracciones, aplicable a sus primeros aprendizajes, puesto que hemos visto que las regletas nos aportan una aclaración respecto a la naturaleza de las fracciones que nos parece interesante y de la que vale la pena dejar constancia.

 **ACTIVIDADES**

Empezaremos presentando un ejemplo muy sencillo.

Hagamos con regletas la siguiente división: $15 : 3 = 5$. Cogemos el 15 y lo dividimos en tres partes iguales. Vemos que cada una está representada por una regleta del 5 (de color verde).

Lo que acabamos de hacer se puede escribir con lenguaje matemático: $15 : 3 = 5$, ya que $5 \times 3 = 15$.

Pero también podemos decir que **5 es una tercera parte de 15**, porque el 5 en el 15 cabe tres veces. Y esto lo podemos escribir así: $5 = 1/3$ de 15.

Por tanto, hemos hecho una primera representación de una fracción como operación de dividir. Si tomásemos en consideración dos regletas del 5, podríamos decir que 10 = 2/3 de 15, o sea, dos terceras partes. Podríamos decir cómo se llama cada parte, etc.

Pero ahora nos interesa hacer otra cosa: repetimos la experiencia a partir de la división siguiente: 20 : 4 = 5. Igual que hemos hecho antes, podemos decir que 5 es una cuarta parte de 20. Y podemos escribir: 5 = 1/4 de 20.

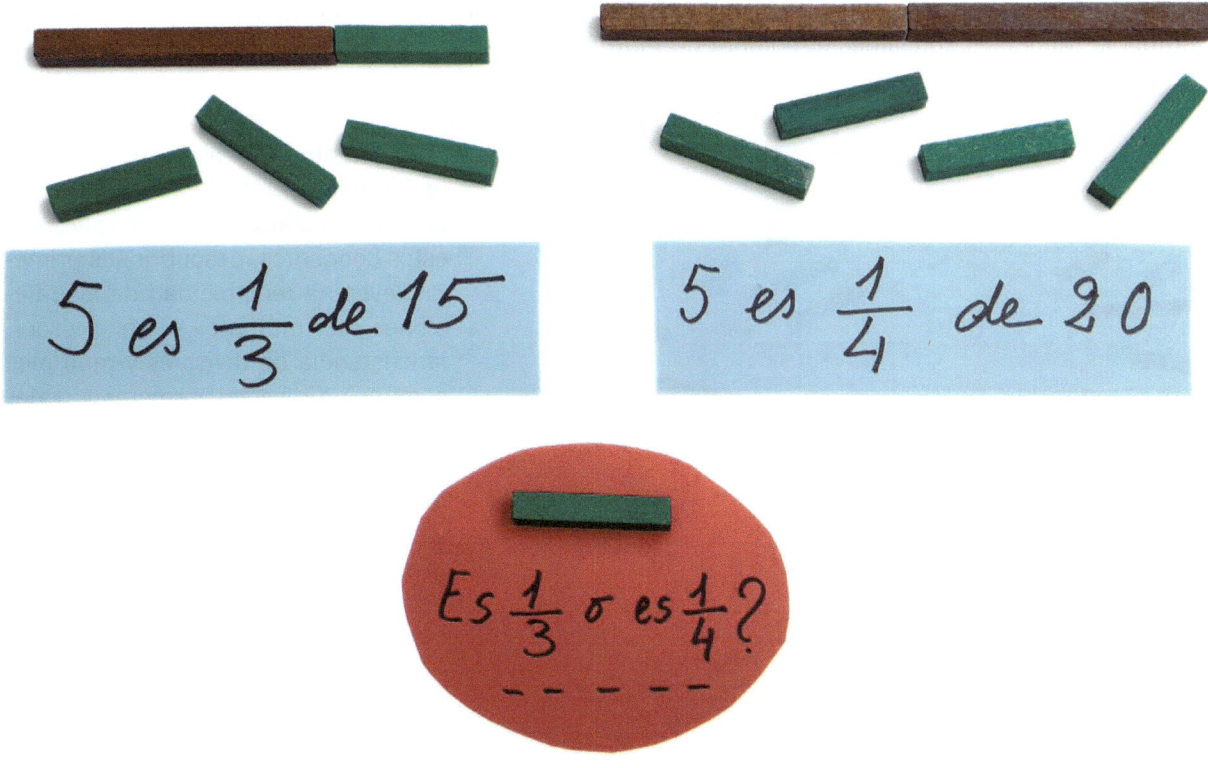

Entonces, planteamos a nuestros alumnos la siguiente cuestión:

En el primer ejemplo hemos encontrado que 5 (la regleta verde) representa 1/3; en cambio, en el segundo ejemplo llegamos a la conclusión de que 5 (la misma regleta) representa 1/4. Así que, ¿en qué quedamos? ¿El 5 es 1/3 o es 1/4?

¿Por qué hay esta diferencia de valor? ¿Una fracción no tiene valor propio?

Es interesante plantear este dilema para hacer pensar a los niños y niñas, para discutir entre todos y llegar a las siguientes conclusiones:

> Una fracción no es lo mismo que un número entero; no expresa una cantidad determinada de elementos. Por eso *no puede representarse con ninguna regleta*.
>
> **Una fracción expresa siempre una relación entre dos cantidades.**
>
> Cada una de estas cantidades es un número que podemos representar con una regleta, pero la relación entre ellas, que es la fracción, hemos de hacerla y comprenderla mentalmente.

En el anexo NO-54 encontraréis otro ejemplo de trabajo sobre esto.

Las nociones de divisibilidad se han tratado ampliamente en el dossier 109. Aquí queremos dejar constancia, simplemente, de que se pueden trabajar con las regletas numéricas, además de otros materiales. Constataremos que algunos números contienen a otros un número exacto de veces o, dicho de otra manera, pueden formarse como productos de estos otros. Esto lo hemos visto ya al construir la tabla de multiplicar. Ahora les aplicamos el nombre de *múltiplos,* que nos sugiere directamente su origen, y el recíproco de *divisores.*

Por lo tanto, se trata sobre todo de hacer mucha práctica con el material, para ir constatando la naturaleza de estos conceptos, descubrir sus primeras leyes, la reciprocidad de las relaciones «ser múltiple» y «ser divisor», la existencia de divisores y múltiples comunes a diversos números y poder identificar muy fácilmente, a partir del material, el *divisor común más grande* y *el múltiplo común más pequeño.* Una manera de hacerlo podría ser la que nos muestra la siguiente fotografía. Queremos insistir en la conveniencia de denominarlos tal y como acabamos de hacer, porque hemos constatado que, más adelante, muchos alumnos tienen dificultades como consecuencia del nombre que se les da habitualmente, por lo que vale la pena prevenir y evitar estas dificultades denominando a cada cosa de la manera más clara posible.

ACTIVIDADES

A continuación ofrecemos una lista de las actividades referentes a este tema que se pueden trabajar con las regletas, normalmente a partir de cuarto de primaria, empezando siempre con números más fáciles y siguiendo con otros más grandes o más difíciles. En general, es un trabajo sencillo, de reconocimiento.

1. Buscar diversos divisores de un número dado. Ver que el 1 es divisor de todos los números y que todo número es divisor de sí mismo.
2. Buscar diversos múltiples de un número. Ver que siempre podemos encontrar otro más grande, por lo tanto su número es ilimitado.
3. Comprender la reciprocidad de las relaciones «ser múltiplo» y «ser divisor».
4. Descubrir algunas propiedades interesantes de estas relaciones, por ejemplo: si un número es múltiplo de otro, y éste es múltiplo de un tercero, el primero también será múltiplo del tercero. Pasa lo mismo con los divisores.
5. Buscar números que sean múltiples de dos o más números al mismo tiempo, o sea, **múltiplos comunes**.
6. Del mismo modo, que sean **divisores comunes** de dos o tres números.
7. Dados dos o más números, buscar su **divisor común más grande** (mcd) y escribirlo de la manera que los maestros consideren más adecuada.
8. Dados dos o más números, buscar su **múltiplo común más pequeño** y escribirlo.

En el anexo NO-63 encontraréis un ejemplo de actividad concreta.

Bloque III

Números cuadrados y cúbicos

Índice Bloque III

Orientaciones didácticas y actividades   **61**

Orientaciones didácticas y actividades

Los cuadrados aparecen en la clase a partir de la tabla de multiplicar, como productos de dos factores iguales (son los que encontramos en la diagonal principal). Los cubos también aparecen como caso particular de productos conocidos, en este caso de tres factores.

Así pues, tanto los cuadrados como los cubos son el resultado de una operación pero, al mismo tiempo, el hecho de que el nombre de *cuadrado* o *cubo* se corresponda precisamente con la forma geométrica que adoptan al construirlos con las regletas les da una entidad propia como números, muy interesante y atractiva para los niños.

Lo que queremos expresar cuando decimos *números cuadrados* o *números cúbicos* es sencillamente lo siguiente: 30 unidades enteras no podemos distribuirlas sobre la mesa en forma de cuadrado y, en cambio, 25 unidades sí. Por lo tanto, el 30 no es un número cuadrado y el 25 sí que lo es. De la misma manera, tampoco podemos colocar 30 elementos iguales en el espacio tridimensional en forma de cubo; en cambio, 27 sí, y por eso decimos que el 27 es un número cúbico.

En este bloque tratamos los siguientes aspectos:

- El concepto de números cuadrados y cúbicos, tal y como acabamos de expresarlo.

- Las relaciones entre cuadrados y entre cubos, que ayudarán a comprender su auténtica dimensión y significado, más allá de una práctica de operación escrita, y que tendrán, más adelante, una gran importancia en la comprensión de algunos aspectos de la geometría y en el trabajo de las medidas de superficie y de volumen.

- En el campo de las operaciones, veremos las leyes de crecimiento de los cuadrados y de los cubos y algunas otras curiosidades numéricas similares.

- Una noción experimental de la raíz cuadrada (y no su algoritmo, que todos hacemos ya con la calculadora).

- El hecho de que las potencias no tengan la propiedad distributiva respecto de la suma y, como consecuencia, el cuadrado de la suma de dos números, que resulta muy interesante al inicio de secundaria.

- Hemos añadido, como curiosidad, el cubo de la suma de dos números.

Resulta por tanto natural, tal y como ha pasado en los bloques precedentes, que los cuadrados y los cubos aparezcan en algunos temas con el código NO, correspondiente al «conocimiento de los números», y en otros con el código OP, más relacionados con las «operaciones». Estos códigos coinciden, en todos los casos, con los que se encuentran, para las mismas actividades, en la página web del GAMAR.

El objetivo de este tema es que los alumnos lleguen a comprender los cuadrados como números, considerando su serie con unas características propias, y lleguen a familiarizarse con los cuadrados. Por eso no se tratará propiamente de unas actividades específicas en forma de ficha de trabajo, como hemos hecho en los demás temas, sino que realizaremos únicamente una presentación detallada del material y una observación sistemática.

ACTIVIDADES

- Es aconsejable empezar por buscar, en la tabla de multiplicar que se haya construido, todos los productos que tienen forma cuadrada y observar su posición: ocupan toda la diagonal principal. Preguntaremos por qué son cuadrados y dialogaremos hasta llegar a la conclusión de que son todos los *productos de dos factores iguales.* Entonces vemos que estos productos son un poco especiales y por eso tienen un nombre propio: se llaman *cuadrados.*
  Todo esto significa que podemos hacer la primera presentación de los cuadrados desde el momento en que introducimos la tabla, o sea, probablemente en tercero de primaria, en vez de esperar a hacerlo en los cursos superiores de la etapa, como se hace a menudo.

- La noción de un *número cuadrado* no tiene, en sí misma, ninguna dificultad; de momento, no se trata de un concepto nuevo. Otra cosa es *hacer el cuadrado de un número,* como operación que más adelante habrá que ampliar con los términos «elevar al cuadrado» o «elevar al cubo»... y pasar a las potencias en general, que ya son más adecuadas para sexto de primaria y, sobre todo, para la secundaria.

- Cuando los niños ya saben reconocer el cuadrado de un número con las regletas, pueden pasar a calcular su valor numérico, haciendo simplemente el producto correspondiente. Comparar cuadrados con otros productos de dos factores, respondiendo a preguntas del tipo «¿Cuál debe ser mayor?», les puede ayudar a hacer estimaciones sobre el valor de los cuadrados.

- Respecto a la escritura, podemos introducirla cuando lo creamos pertinente, teniendo en cuenta que en el segundo ciclo los niños aceptan, sin ningún inconveniente, que pongamos un 2 pequeñito en la parte superior de un número. No es necesario, sin embargo, que introduzcamos ya la palabra *exponente.* Por eso ahora serían recomendables las colecciones de cartones con los valores numéricos de los productos correspondientes a los cuadrados, y sus totales, anexas a la tabla de multiplicar del bloque II, y que ahora deberéis ampliar hasta el cuadrado del 10 o del 12, según lo que creáis más conveniente.

- Después de haber encontrado los cuadrados en la tabla de multiplicar (formados por tantas regletas como indica su número), los sustituiremos por una placa cuadrada del mismo color. Esto nos llevará a trabajar por primera vez con la caja 2 del material, que, a partir de ahora, debería estar siempre a disposición de los alumnos, como ya hemos comentado al principio del dossier.

- A partir de este momento, siempre que nos refiramos a los cuadrados haremos las actividades usando directamente su propio material y utilizando el vocabulario correcto. Al principio es preferible usar la expresión *el cuadrado de 7,* más adelante ya dirán *7 al cuadrado.*

- Es imprescindible que los niños manipulen a menudo el material. Por eso hay que presentarlo, fuera de la caja, de diferentes maneras: haciendo con las 10 placas una serie ordenada sobre la mesa, una pirámide que se eleva o lo que se nos ocurra, intentando suscitar comentarios.

El primer objetivo es que los niños y niñas se familiaricen con el material de los cuadrados, que no le tengan miedo ni respeto, que se animen a compararlos entre ellos, a investigar cosas de los cuadrados, de la misma manera que experimentan con las regletas lineales y descubren cosas de los números naturales. A menudo observan, por ejemplo, que la regleta del 1, es decir la unidad, también es un cuadrado, es el cuadrado más pequeño de la caja (recordemos que cuando hablamos de productos y de cuadrados lo que cuenta es la superficie de la placa y no todo el volumen).

Será oportuno comentar que un cuadrado muy importante que ellos conocen es el cuadrado del 10, al que, cuando hacemos cálculo, le llamamos **centena**, porque vale **100 unidades**. Nos sirve para leer y escribir los números de tres cifras y también para medir superficies.

A veces también observan espontáneamente, al comparar la serie de los diez primeros cuadrados con la de los números del 1 al 10, que aquellos no van creciendo de uno en uno, añadiendo una unidad al cuadrado anterior, como pasa con las regletas, y ni tan sólo añadiendo una cantidad fija, sino que crecen mucho más deprisa. De esto hablaremos precisamente en el tema 3.

Finalmente, es necesario advertir que es bueno memorizar pronto los cuadrados de los diez primeros números (lo que forma parte de la memorización de la tabla de multiplicar) y, si es posible, también del 11 y del 12. Esto facilitará el cálculo mental.

Mucho más adelante, se podrán imaginar cuadrados de números más grandes que los que han memorizado y hacer estimaciones. Por ejemplo, «en un espacio cuadrado de 24 sillas de largo y 24 de ancho, ¿crees que cabrían 900 personas? ¿Cómo lo has pensado?».

Igual que cuando trabajamos con los alumnos más pequeños los primeros números o cuando introducimos los números negativos o las fracciones, la primera actividad que haremos con los cuadrados será compararlos entre ellos. Es decir, establecer relaciones y observar las leyes, descubriendo que son diferentes a las que se establecen entre los números naturales sencillos.

El objetivo de este tema es, por tanto, conocer mejor los cuadrados, basándonos en la experiencia de los resultados obtenidos al relacionarlos.

Un aspecto muy interesante de las relaciones que se establecen entre los cuadrados es la gran implicación que tienen en la medida de la superficie.

Los dos objetivos que hemos señalado los podríamos reunir en uno solo de esta manera:

Trabajar la relación entre los números cuadrados, apreciar su diferencia con las relaciones entre los números naturales sencillos y asegurar una buena preparación para las medidas de superficie.

ACTIVIDADES

Los ejemplos que siguen hacen referencia a la fotografía.

- Primero empezaremos cogiendo los cuadrados de dos números que sean uno el doble del otro, por ejemplo, el cuadrado de 10 y el de 5. Antes de colocarlos uno encima del otro, preguntamos a los niños y niñas si creen que el cuadrado de 10 será el doble del de 5. Muchos creen que sí, y es natural, ya que desde hace mucho tiempo saben que 10 es el doble de 5. Entonces les pedimos que pongan el cuadrado de 5 encima del de 10 y verán que no es como habían pensado: el cuadrado de 5 no es la mitad del de 10.

Les decimos que miren a ver cuántos de 5 se necesitan para cubrir el de 10 y constatan que no necesitan dos sino cuatro. Por tanto, el grande no es el doble del pequeño, es el **cuádruplo.**

- A continuación hacemos lo mismo con los cuadrados de 8 y de 4, de 4 y de 2, etc. Se trata de descubrir esta ley:

Cuando un número es doble de otro, su cuadrado es cuatro veces el cuadrado de éste.

Para que los niños y niñas puedan llegar a descubrir esta ley general, han de tener ya una cierta capacidad de generalizar, lo que sucede normalmente hacia el tercer ciclo de primaria, aunque algunos niños y niñas ya la tienen antes.

- El paso siguiente será comparar, de la misma manera, los cuadrados de dos números, siendo uno el triple del otro, por ejemplo el de 9 y el de 3, para descubrir que entonces el cuadrado del mayor es **nueve veces** el del pequeño.

- Si la relación entre los dos números es de cuatro, como en el caso del cuadrado de 2 y el de 8, la relación entre sus cuadrados será de **dieciséis.** Si la relación de los números es de cinco, la de los cuadrados será de **veinticinco.**

En el anexo NO-82 encontraréis un ejemplo de actividad como las que acabamos de señalar.

Finalmente, los alumnos de tercer ciclo podrían llegar a formular la ley general, que es la siguiente:

*La relación que hay entre los cuadrados de dos números no es la misma que hay entre los dos números, sino que es precisamente el **cuadrado** de ésta.*

3. LEY DE CRECIMIENTO DE LOS CUADRADOS   GAMAR OP-64

Si marcamos en una recta numérica el valor de los cuadrados de los primeros números, podemos observar que las distancias entre dos números consecutivos van aumentando siguiendo una ley:

1   4   9   16   25   36   49   64

Efectivamente, los espacios o la cantidad de números naturales comprendidos entre un cuadrado y el siguiente son: 2, 4, 6, 8, 10, 12, 14, 16... y podríamos ir siguiendo. Esto nos permite ver que los cuadrados no crecen como los números sencillos, añadiendo siempre una unidad, y que ni siquiera lo hacen añadiendo cada vez una cantidad fija, es decir, su patrón de crecimiento no es constante.

Con las regletas podemos hacer, de una manera muy sencilla, un estudio más completo de la ley que rige este crecimiento, tal y como se detalla en la actividad siguiente.

De todas maneras, es importante aclarar que el objetivo principal es formularnos que no pueden crecer de manera lineal porque los cuadrados no se forman sumando (los niños suelen decir que «no son de la familia de la suma») y tampoco se forman como los productos de todas las filas de las tablas de multiplicar. Podríamos decir, por tanto, que *tampoco son de la familia de la multiplicación.* Un cuadrado, para pasar al cuadrado siguiente, ha de crecer por un lado y también por el lado adyacente. Si sólo creciera en una dirección, dejaría de ser cuadrado.

Así, por ejemplo, para que el cuadrado de 4 se iguale con el cuadrado de 5, tendremos que añadirle dos regletas del 4 poniéndolas en lados consecutivos, como se ve en la fotografía, y aún tendremos que añadir una unidad en la esquina. Para que el cuadrado de 6 llegue a ser como el del 7, tendremos que añadir dos regletas del 6 y un 1 en la esquina.

Por lo tanto, la actividad que hay que hacer consiste en constatar todo esto en diferentes casos, expresarlo verbalmente y llegar a la conclusión de que las cantidades son diferentes según el cuadrado de que se trate, aunque la norma, sin embargo, es siempre la misma:

> *Para pasar del cuadrado de un número al cuadrado del número siguiente, el crecimiento no es constante como en los números naturales. Cada vez habrá que añadirle **dos veces el número más la unidad**.*

En el anexo OP-64 encontraréis una pequeña muestra de actividades referentes a este tema.

4. DOS CURIOSIDADES NUMÉRICAS CON CUADRADOS
GAMAR NO-84

En este tema se presentan dos actividades diferentes que no son precisamente propiedades fundamentales de los cuadrados ni nada difícil. Se trata simplemente, como se indica en el título, de curiosidades que se cumplen siempre.

El objetivo es fomentar la capacidad de investigar de los niños y las niñas, es decir, de seguir los pasos siguientes:

- Plantearse un interrogante con curiosidad «científica».
- Hacer una serie de pruebas para constatar si se trata de hechos aislados o de hechos que se repiten siempre que partimos de unas mismas condiciones.
- Ejercitar su incipiente capacidad de generalizar, llegando a la convicción de que se hallan ante una ley general.
- Intentar formularlo con su lenguaje.

 **ACTIVIDADES**

Las dos curiosidades, bien diferentes una de la otra, son las siguientes:

La suma de dos «números triangulares» consecutivos es siempre un cuadrado.

En el anexo NO-84.1 encontraréis esta actividad con la explicación necesaria.

Para pasar de un cuadrado al cuadrado del número que tiene dos unidades más, hay que añadir siempre cuatro regletas del número intermedio.

En el anexo NO-84.2 encontraréis esta actividad con la explicación completa.

Hacer la raíz cuadrada de un número es la operación inversa de hacer su cuadrado, es decir, es la operación que consiste en encontrar el número cuyo cuadrado vale un resultado que conocemos. No se trata, por lo tanto, de una nueva operación ni de algo especialmente difícil, sino que se trata, simplemente, de una operación que ya conocemos practicada de forma inversa. Por ejemplo, decir que el cuadrado de 8 es 64 equivale a decir que la raíz cuadrada de 64 es 8. Buscar la raíz cuadrada es encontrar la medida del lado de un cuadrado del que conocemos el valor total.

Por lo tanto, con las regletas *hacer una raíz cuadrada* consistirá en hacer la actividad que presentamos a continuación. La detallamos en tres momentos diferentes de la aplicación, empezando por números pequeños y finalmente llegando a números mayores.

Como siempre, el algoritmo consistirá en sistematizar y memorizar unas prácticas de cálculo que aquí no nos interesan y que quedan lejos de nuestro objetivo, que no es otro que la comprensión de la operación. Más adelante, cuando los niños y niñas hagan esta operación con la calculadora, tendrán una idea clara de lo que están haciendo y de lo que están buscando.

ACTIVIDADES

1. Con cantidades pequeñas y unidades sueltas

Hay que coger algunas regletas del 1, por ejemplo 32, y situarlas sobre la mesa de manera que formen un cuadrado. De entrada los alumnos suelen creer que será muy grande y ponen algunas filas largas, de ocho o nueve unidades, pero enseguida se darán cuenta de que cada fila no puede tener más de cinco, que el cuadrado resultante es más pequeño de lo que pensaban.

—«¡Claro!, ya habíamos visto que los cuadrados crecían mucho más que los números».

Finalmente, les conviene actuar de manera organizada, añadiendo cada vez unidades para pasar al cuadrado siguiente, de forma alterna en una fila vertical y otra horizontal. Todo esto ayuda a interiorizar la naturaleza de los cuadrados y por lo tanto de la raíz cuadrada.

Así, en el ejemplo que presentamos podrán colocar 25 unidades, que formarán un cuadrado de 5 × 5, y les sobrarán 7. Es el momento de expresar en voz alta que la raíz cuadrada de 32 es el lado del cuadrado, o sea **5**, con un resto de 7 unidades que nos han sobrado.

Podemos fijarnos en una cosa curiosa que les pasa a las raíces cuadradas: el resto puede ser más grande que el resultado de la raíz (en nuestro caso, es más grande de 5); en las divisiones esto no pasaba nunca. También podemos enseñar a nuestros alumnos el signo $\sqrt{\ }$, que utilizamos para escribir la nueva operación.

2. Práctica de calcular las raíces cuadradas mentalmente con números menores de 100

Se trata simplemente de recordar la tabla de multiplicar y, especialmente, los valores de los cuadrados hasta el 12, tal y como hemos recomendado en el primer tema de este bloque. Los alumnos pueden responder directamente preguntas y participar en diálogos como este:

—¿Sabéis cuánto vale la raíz cuadrada de 49? ¿Cómo lo pensaremos?
—«Buscando algún cuadrado que valga 49. Sí que lo sabemos, es el 7».

Así se hace evidente que la raíz cuadrada de 49 es 7.
—Y si no hay ninguno exacto, ¿qué podemos hacer?
—«Pues diremos las unidades que sobran».

Ejemplo: la raíz cuadrada de 60, como no llega a 64, lo que nos iría muy bien porque sería 8, hemos de pensar que son 7. Queda un resto que es desde 49 a 60, o sea 11.
—Quién sabe la raíz cuadrada de 144?
—«¡Es 12!»

Si nos dan un número más grande y no tenemos la calculadora a mano, sólo podemos hacer dos cosas: intentar calcularlo mentalmente o utilizar las regletas.

3. Para cantidades grandes, con regletas cuadradas y, especialmente, decenas y centenas

Se trata de la misma operación que en el caso 1, pero asumiendo las implicaciones que nos impone el hecho de expresar los números en la base de numeración decimal.

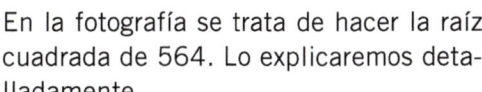

En la fotografía se trata de hacer la raíz cuadrada de 564. Lo explicaremos detalladamente.

Vemos que primero podemos hacer un cuadrado con 4 centenas, con el que ya habremos colocado 400 unidades. Nos quedan 164, es decir, 16 decenas y 4 unidades, por colocar. Se han de poner formando dos rectángulos iguales, uno a

la derecha y el otro debajo, y tendrán 20 de largo, o sea, dos decenas. Si pusiéramos las decenas distribuidas en cuatro filas por lado, no nos quedarían suficientes unidades para llenar el cuadrado que hay que hacer en la parte de abajo a mano derecha. Por tanto, hacemos tres filas de dos decenas para cada uno de los rectángulos largos y así éstos valen 20 × 3 cada uno, o sea, 120 entre los dos.

Ahora aún nos quedan 44 unidades para llenar el pequeño cuadrado de abajo, que ha de ser de 3 × 3 = 9 unidades.

Hacemos los cambios que convienen y cuando ya hemos llenado el cuadrado de la esquina, que vale 9, nos sobran 44 − 9 = 35 unidades.

La interpretación del resultado es que la raíz cuadrada es el lado del cuadrado que habremos construido, por tanto es **23**.

Podemos comprobar que 23 × 23 = 529. Es posible, ya que un cuadrado de un valor total de 529 lo podemos hacer perfectamente con las 564 unidades que teníamos. Ya hemos visto que nos sobran 35.

¿Cómo puede ser que sobre tanto? ¿Puede ser el resto mayor que la raíz?
Con el material podemos constatar fácilmente que eso es posible, puesto que para añadir una sola unidad a la raíz cuadrada deberíamos construir dos filas de 23, más una unidad suelta en la esquina, y eso sería 23 × 2 + 1 = 47. No tenemos estas unidades, sólo tenemos 35.

En el anexo OP-65 podéis encontrar otro ejemplo en forma de ejercicio.

En el bloque anterior hemos visto la siguiente propiedad:

Siempre da el mismo resultado hacer una suma de dos sumandos y después multiplicar el resultado por un número, que multiplicar por este número cada sumando y después sumar los dos resultados parciales.

Nuestros alumnos ya la han asumido, la comprenden como un hecho natural e incluso a veces la utilizan al hacer algunos cálculos mentales.

Aquí les planteamos otra posibilidad parecida respecto a la suma, pero con otra condición que, a simple vista, no les parece demasiado diferente: la segunda operación no será una multiplicación sino un cuadrado.

ACTIVIDADES

En primaria
Con las regletas comprobaremos si es lo mismo
- *A. Sumar primero dos números y después hacer el cuadrado, o*
- *B. Hacer el cuadrado de cada número y después sumar.*

Se trata de ver, por tanto, si estas dos maneras de actuar, en las que se cambia sólo el orden de las operaciones de sumar y de hacer el cuadrado, dan el mismo resultado o no.

En el ejemplo de la fotografía:

A. Primero hacemos $4 + 3 = 7$ y, a continuación, cogemos el cuadrado de 7 (placa amarilla), que vale 49.
B. Después hacemos por separado el cuadrado de 4 y el de 3 y reunimos las dos placas para sumarlas.

Vemos claramente que el resultado es diferente, puesto que las dos placas no cubren la anterior (valen $16 + 9 = 25$).

De entrada los niños se quedan sorprendidos, pero repitiendo la experiencia con otros ejemplos lo van comprendiendo. Suelen hacer comentarios del tipo:
—«Hacer el cuadrado es más fuerte que multiplicar; es una operación más potente...»

Y será conveniente que sepan expresarlo también por escrito con lenguaje matemático:
$4 + 3 = 7$ pero $4^2 + 3^2 \neq 7^2$

Con los alumnos de primaria podemos dejarlo aquí.
Con los de secundaria, podemos continuar la reflexión anterior.

En secundaria
- Observamos la fotografía de la página anterior.
- Empezaremos por destacar las diferentes partes que integran el cuadrado final en función de los dos números iniciales, que en este caso son el 4 y el 3.

Ponemos los dos cuadrados sobre el cuadrado de 7 y vemos como son todos los espacios:

- – Primero tenemos dos espacios cuadrados, que son el cuadrado del 4 y el cuadrado del 3.
- – Después vemos que quedan dos espacios vacíos rectangulares y que para llenarlos hay que poner en cada uno el producto de 4×3 (o 3×4, que es lo mismo).

- Conviene repetir la experiencia con otros casos para ver que se trata siempre de componer el cuadrado total con los mismos resultados parciales que acabamos de señalar.
- Comentaremos verbalmente lo que hemos descubierto y procuraremos que los alumnos, especialmente los de los primeros cursos de secundaria, lo asuman como una ley que no pueden olvidar a la hora de realizar cálculos, tanto con números como con letras.
- A continuación podrán expresar el resultado de forma generalizada:

*El cuadrado de la suma de dos números se obtiene haciendo **el cuadrado de cada uno de ellos más dos veces el producto de los dos números.***

7. LOS CUBOS Y LOS NÚMEROS CÚBICOS   GAMAR NO-86

El objetivo de este tema, igual que en el tema de introducción a los cuadrados, es que los niños y niñas lleguen a conocer los cubos como números con entidad propia, vean algunas características de su serie y lleguen a familiarizarse con ellos.

Por eso no ofrecemos un tema con sus actividades escritas correspondientes, sino un trabajo de presentación del material de los cubos y de observación de su naturaleza.

ACTIVIDADES

- Los cubos no son otra cosa que casos particulares de productos de tres factores que tienen, los tres, el mismo valor. Para construirlos, los niños y las niñas pasarán rápidamente de coger todas las regletas lisas que necesitan a coger directamente los cuadrados y sobreponerlos. Así, la construcción del cubo de 4, que tendría que ser $4 \times 4 \times 4$ —por tanto, tendría cuatro «pisos» de cuatro regletas del 4 cada uno—, pasa rápidamente a formarse con cuatro placas del 4, ya que así resulta más cómodo. Al cubo de 5 llegaremos sobreponiendo cinco placas del cuadrado de 5, etc. Los alumnos más mayores podrían decir y escribir $5^2 = 5 \times 5$, y $5^3 = 5^2 \times 5$.

- El segundo paso será sustituir las placas por la correspondiente pieza del cubo que encontraremos en la caja número 3 del material. A partir de este momento, siempre que nos refiramos a los cubos haremos las actividades utilizando directamente su propio material.

- Cuando los niños ya saben reconocer el cubo de un número, pueden pasar a calcular su valor numérico, simplemente haciendo el producto correspondiente.
- Respecto a la escritura, podemos aplicar los mismos criterios que hemos dado para los cuadrados; quizá se tendría que introducir un curso más tarde que la de éstos.
- Resulta interesante ver la relación entre la palabra y la forma geométrica de los primeros números cúbicos, que expresa su propia dimensión, y observar que estos productos especiales de tres factores son los únicos que tienen la forma exacta del cubo. De aquí viene su nombre.

En el anexo NO-86 encontraréis una muestra de ficha de trabajo para la introducción de los cubos. También sería bueno, para el cálculo mental, memorizar los cubos de los números que utilizamos más a menudo, e imaginar el valor de algunos cubos, mayores que los que se han memorizado, haciendo una estimación y la posterior comprobación.

Se pueden coger un grupo de regletas del 1 (por ejemplo, 68) y hacer el ejercicio (no demasiado fácil) de situarlos sobre la mesa en forma de cubo, haciendo la actividad de forma organizada. Se debería observar si la arista del cubo, que es el número que lo definirá, ha resultado más pequeña de lo que creíamos (en este caso es 4). Naturalmente, hay algunas unidades que nos sobran. Esto significa que el 68 no es un número cúbico. En cambio el 64 sí que lo es, vale $4 \times 4 \times 4$.

Hay que comentar que un cubo muy importante que ellos conocen es el cubo del 10, al que, cuando hacemos cálculo, llamamos **millar**, o también **el cubo del mil**, porque vale **mil unidades**. Nos sirve para escribir y leer los números de cuatro cifras y también para medir volúmenes. Sabemos que un cubo de mil centímetros cúbicos es lo que ocupa un litro.

En el anexo NO-86 encontraréis una actividad de cálculo numérico de algunos cubos.

8. LOS CUADRADOS Y LOS CUBOS DEL 10, EN LA BASE DECIMAL DE NUMERACIÓN
GAMAR NO-87

No podemos olvidar que hay unos cuadrados y unos cubos especialmente notables, puesto que tienen un papel singular en la base decimal de numeración. Los cuadrados de 10 representan **las centenas**, o prácticamente podemos decir que «son centenas», puesto que cada uno equivale exactamente a diez decenas. Del mismo modo, los cubos de 10 equivalen a mil unidades y representan los **millares**.

Con este material los alumnos pueden hacer todas las actividades referentes a la base decimal de numeración, de las que ya hemos hablado en el bloque I, tema 5, correspondiente al código NO-26, y de las que podéis encontrar una lista detallada en el dossier 101, bloque III, tema 3.

En el mercado hay otras colecciones de regletas con unidades, regletas lisas, placas y cubos para trabajar el tema de la numeración y los cálculos de algoritmos pero, justamente, para los niños supone algo diferente, otro valor, el hecho de que estos temas se incluyan en el mismo capítulo que los demás de conocimiento de los números: los números de base diez son como los otros números, entre los que también consideramos los cuadrados y los cubos; todos forman una familia, que es la de los **números naturales**. Por eso creemos que es mejor utilizar un mismo material para todos ellos.

9. RELACIONES ENTRE CUBOS
GAMAR NO-88

Igual que en el tema 2, sobre los cuadrados, el objetivo del tema actual es conocer mejor los cubos, basándonos en la experiencia de los resultados obtenidos al relacionarlos entre ellos, que en ocasiones son sumamente sorprendentes.
Y, como entonces, un aspecto interesante del estudio de estas relaciones es su implicación directa con las medidas de volumen. Por tanto, podríamos formular el objetivo completo de la siguiente manera:
Trabajar la relación entre los números cúbicos, apreciar la diferencia con las relaciones entre los números y entre los cuadrados y afianzar así una preparación directa de la medida de volumen.

ACTIVIDADES

Los siguientes ejemplos hacen referencia a la fotografía.

- Comparemos los cubos de dos números que sean uno el doble del otro, por ejemplo, el cubo del 5 con el de 10, poniéndolos de lado y constatando que del de 5, para construir el de 10 (número doble), no necesitamos dos, ni siquiera cuatro, como pasaba con los cuadrados, sino que necesitamos ocho, ni más ni menos. Este resultado sobrepasa las previsiones que los niños y niñas habían hecho. El 10 es *el doble* del 5 y el cubo de 10 **es ocho veces** el cubo de 5.

- Haremos lo mismo con otros pares de cubos correspondientes a números que sean uno el doble del otro y constataremos que el resultado es el mismo.

- El paso siguiente será comparar de la misma manera los cubos de dos números en los que uno sea *el triple* del otro y descubrir que entonces el cubo del más grande equivale a *veintisiete veces* el del pequeño.

- Si la relación entre los dos números es de *cinco*, como en el caso de comparar el cubo del 2 y el del 10, la relación entre los dos cubos será de *ciento veinticinco*.

- Conviene insistir en hacer a menudo este tipo de relaciones con tal de consolidar una auténtica noción del cubo como potencia numérica y también como configuración geométrica de tres dimensiones, con un volumen medible.

Podemos ver que este trabajo es la mejor manera de llegar a la conclusión razonable y razonada del porqué un metro cúbico equivale a **mil** decímetros cúbicos.

En el anexo NO-88 encontraréis un ejemplo muy sencillo de actividad en la línea de las precedentes.

Finalmente, los alumnos mayores podrán generalizar y llegar a formular la ley general, que es la siguiente:

> La relación que hay entre los cubos de dos números no es igual que la que hay entre los dos números ni la que hay entre sus cuadrados, sino que es precisamente **igual al cubo** de la relación que hay entre los números.

10. LEY DE CRECIMIENTO DE LOS CUBOS · GAMAR OP-67

Señalar en una recta numérica el valor de los cubos de los primeros números, como hemos hecho en el primer tema con los valores de los cuadrados, sería prácticamente imposible por falta de espacio: la diferencia entre el cubo del 1 y del 2 es sólo 7; la diferencia entre el cubo del 2 y del 3 es ya 19. No tenemos un papel tan largo. Podemos observar que las distancias entre los cubos de dos números consecutivos van aumentando según una ley:

1	8	27	64

125 (ya no nos ha cabido en la fila anterior)

Efectivamente, los espacios o la cantidad de números naturales comprendidos entre un cubo y el siguiente aumentan mucho respecto a los espacios comprendidos entre cuadrados (tema 3). Esto nos permite ver de manera práctica, aunque sea por escrito, que los cubos crecen mucho más que los cuadrados.

Con el material intentaremos descubrir lo que hay que añadir a un cubo para obtener el cubo del número siguiente.

Tal y como hemos hecho con los cuadrados, experimentaremos con diferentes casos y acabaremos formulando la ley general:

> *Para pasar del cubo de un número al cubo del número siguiente, el crecimiento no es constante, sino que cada vez tendrá que añadirse una cantidad más grande, según la siguiente ley:*
>
> **Añadirle tres veces el cuadrado del primer número, más tres veces su regleta correspondiente, más una unidad.**

En el anexo OP-67 encontraréis una actividad sobre este tema de interés para los alumnos de secundaria.

11. EL CUBO DE LA SUMA DE DOS NÚMEROS   GAMAR OP-68

Este tema resulta, probablemente, demasiado complejo para presentarlo a los alumnos de final de primaria e incluso de primer ciclo de secundaria. Y tampoco es imprescindible para el desarrollo de un programa coherente. No obstante, hemos decidido incluirlo finalmente teniendo en cuenta los siguientes objetivos:

- Ampliar la visión, que ya nos ofrece el tema 10, sobre las dimensiones del crecimiento de los números cúbicos.
- Poder apreciar su relación con el cuadrado de la suma de dos números, tratado en el tema 6.
- Tenerlo a nuestra disposición como tema de estudio para el álgebra de secundaria.
- Tratarlo simplemente como curiosidad de unos números que entran en el mundo de las tres dimensiones, con lo que sus cálculos se disparan.

ACTIVIDADES

Sólo haremos el comentario correspondiente a la fotografía siguiente:

$$5 + 3 = 8 \ / \ 5^3 + 3^3 \neq 8^3$$

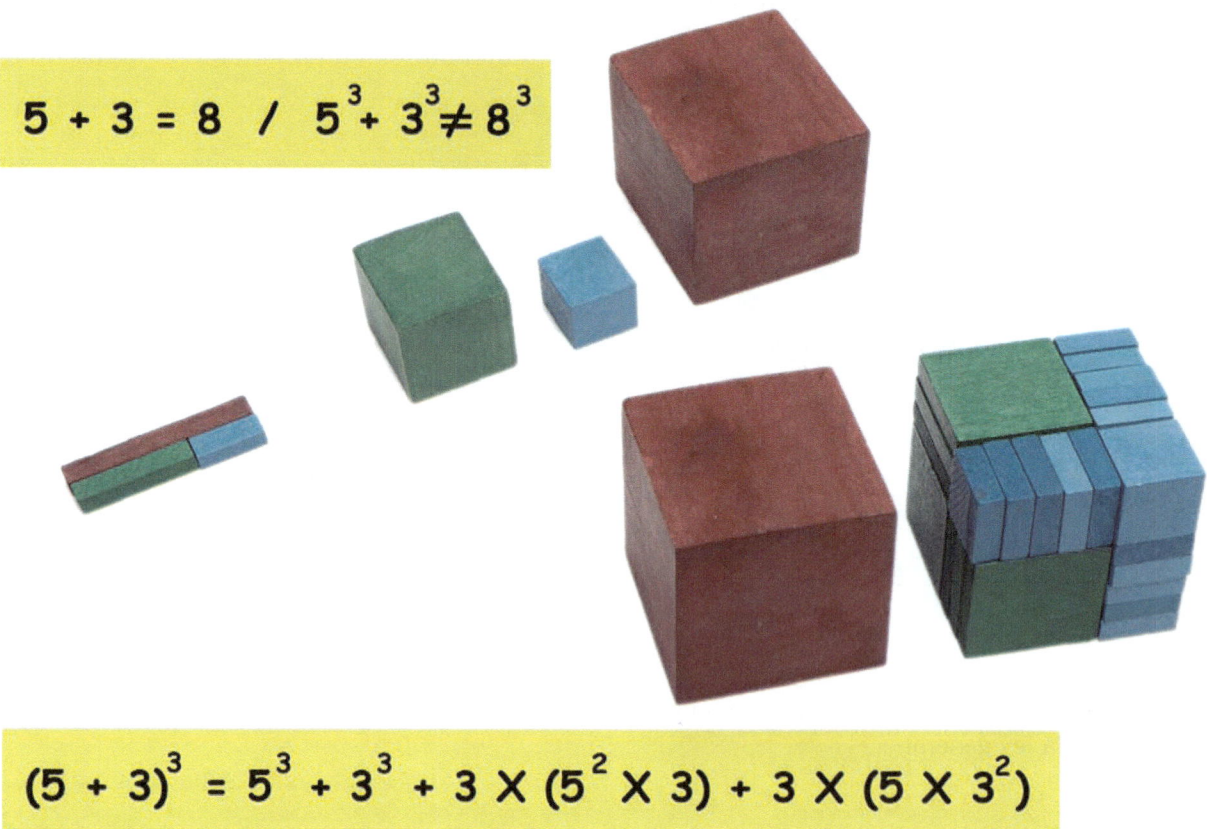

$$(5 + 3)^3 = 5^3 + 3^3 + 3 \times (5^2 \times 3) + 3 \times (5 \times 3^2)$$

Se trata de:

• Sumar dos números que nos dan un resultado sencillo, por ejemplo 3 + 5.

• Construir el cubo de esta suma y constatar que no es igual que la suma de los dos cubos que teníamos al principio.

• Ir destacando las diferentes partes que la integran en función de los dos números originales. En nuestro ejemplo, estas partes serían:
  – el cubo de 5 y el cubo de 3.
  – tres productos iguales de tres factores construidos cogiendo tres veces el $5^2 \times 3$.
  – tres productos más formados por tres veces el $3^2 \times 5$.

• A continuación podemos expresar el resultado de forma generalizada:

El cubo de la suma de dos números se obtiene haciendo los cubos de cada uno de los números, más tres veces el cuadrado del primer número multiplicado por el segundo, más tres veces el cuadrado del segundo número multiplicado por el primero.

• Quizá tanto los alumnos como nosotros podamos maravillarnos de su complejidad y, al mismo tiempo, de su coherencia.

Anexos

Índice anexos

Bloque I

Bloque II

Bloque III

RELACIONES NUMÉRICAS Y SIGNOS ESCRITOS

COMPARACIÓN
• Coged las regletas necesarias para hacer los números 12 y 15.

- ¿Cuál es el mayor de los dos?
- ¿Cuál es el menor de los dos?

EXPRESIÓN ESCRITA
• Poned en cada caso el signo escrito que le corresponde:

= ≠ > ‹

12...15   15...12   12......15

CONSOLIDACIÓN DE LO QUE HEMOS APRENDIDO
• En cada frase escribid SÍ o NO para decir si es verdad o mentira.
• Poned el signo escrito que convenga y coged las regletas para hacer la comprobación.

	Verdad o mentida	Con signo numérico escrito	
El cinco es más grande que el siete		5	7
El nueve es más pequeño que el trece		9	13
El quince es igual que el cincuenta y uno		15	51

NO-19

Ampliar al 141 %

SUMA Y RESTA, MODELO DE CONSTRUCCIÓN LINEAL

INICIANDO LA SUMA:
• Pon las regletas una a continuación de la otra para ver cuánto valen todas juntas.
Ejemplo: Cuatro más nueve más dos:

INICIANDO LA RESTA:
• Pon un número al lado del otro, con las regletas, para ver cuánto le falta al más pequeño para llegar a valer tanto como el mayor.
Ejemplo: Trece menos ocho:

EXPRESIÓN ORAL:
• En la suma podemos decirlo de dos maneras. Completa cada vez:
- Cuatro y nueve y dos, juntos valen: ...
- Si al cuatro le añadimos... y después... tenemos: ...
• Para la resta hay diversas maneras de decirlo:
- Al 13 le quitamos 8. ¿Cuántos ......?
- Al 8, para llegar al ... , ¿cuántos hacen falta?
• Cualquier otra manera que tú probablemente sepas:
- Del 13 al 8, ...?

ESCRITURA NUMÉRICA:
4 y 9 y 2 son.... Con algunos signos diferentes que conozcas:

4 y 9 y 2......15   4 + 9 + 2......15   15 = ...

13......8 → 5   de 8 a 13......5   13......8 = 5   5 = ...

OP-19.1

DESCOMPOSICIÓN DE NÚMEROS EN SUMANDOS

Es conveniente hacerlo siguiendo diferentes consignas.
Por ejemplo: descomponer el número 15...

• En tres partes diferentes

• En dos partes iguales y una diferente

• En tres partes iguales

• En cuatro partes diferentes

• En cinco partes diferentes

OP-19.2

LA SUMA Y LA RESTA, OPERACIONES INVERSAS

Interrogantes	Anticipar el resultado y comprobarlo con las regletas	Por escrito
¿Qué número sumado con el 12 nos dará 16?		12 + ... = 16 .... + 12 = 16
¿Cuánto hemos de restarle al 15 para que nos dé 7?		15 - .... = 7 (porque 7 + 8 = 15)
¿Cuál es el número al que añadiendo 20 nos da 24?		.... + 20 = 24 Será el ...., porque ....
¿Qué número restándole 9 te da 3?		.... - 9 = 3 Será el ...., porque ....

Hemos podido observar lo siguiente: una suma en forma inversa la podemos hacer restando, y una resta en forma inversa la podemos hacer sumando

Ampliar al 141 %

OP-21.1

DESCUBRIMIENTO DE LAS PRIMERAS PROPIEDADES

1 **El ordren de las operaciones**

• Hacemos una suma y una resta, una a continuación de la otra:

$$5 + 4 - 3$$

• Primero las haremos con regletas, en dos partes, en el orden en que están escritas:

$$5 + 4 = 9 \qquad 9 - 3 = 6$$

• Después las haremos, también con regletas, cambiando el orden:

    Haz: $5 - 3 = $ ......
    Ahora, al número que te salga súmale 4 y escríbelo:

Responde :
Al cambiar el orden de las operaciones, ¿ha cambiado el resultado?

Haz otras pruebas y explica si crees que esto pasa siempre o no.

2 **Agrupando los números de diferentes maneras**

• En estas sumas y restas podríamos reunir algunos números antes de empezar:

$$\text{Ejemplo: } 4 - 2 + 16 - 6 + 8 - 5$$

Primero los agruparemos así:
$(4 - 2) + (16 - 6) + (8 - 5)$; (así el segundo paréntesis nos resulta más fácil)

• Hazlo con regletas.

• Escribe el resultado parcial, y después el resumen de cada operación y el resultado final:

$$.......... + ... + ... = ...$$

• Ahora piensa otra manera de agrupar los números y haz las operaciones.

• Explica el motivo por el cual has decidido agruparlos de esta manera.

• ¿Crees que agrupando los números de cualquier manera obtenemos siempre el mismo resultado?

• ¿Hay que respetar alguna condición? Si crees que sí, explica cuál.

DIFERENTES MANERAS DE AGRUPAR LAS UNIDADES DE UN NÚMERO

Rellena la parte central con material o con un dibujo y escribe en la última columna. Hay que contar con atención y hacer los cambios que convenga, sin modificar el valor de las cantidades.

Cantidad	Con las regletas que se indica y las unidades sueltas	Escrita en base diez
Treinta y cuatro	Con regletas del 5	
Cuarenta y cinco	Con regletas del 8	
Diecisiete	Con regletas del 3	
Veintiocho	Con regletas del 7	

ENCONTRAR LA MEDIA ARITMÉTICA
Y LA LEY PARA CALCULARLA

Tenemos cuatro números: 3, 7, 8 y 10.

¿Es posible compensar los valores de unos con los de los otros?

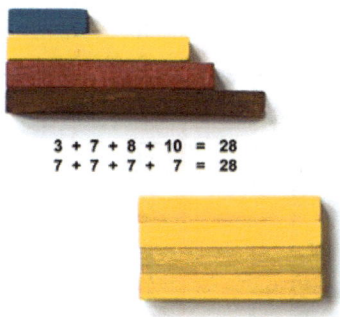

$$3 + 7 + 8 + 10 = 28$$
$$7 + 7 + 7 + 7 = 28$$

Lo intentaremos, pero se han de cumplir dos condiciones:

- que queden cuatro números con el mismo valor
- que no cambie el valor total del conjunto

Primer paso: Cambiar algunas regletas por las que creamos conveniente, pero sin ganar ni perder nada.

Segundo paso: Cambiar la posición de las regletas que haga falta, hasta obtener un rectángulo de tantas filas como números tenemos, o sea, cuatro.

Tercer paso: Observar y expresar lo que ha pasado.

• Los valores de las cuatro cantidades, ¿se han igualado?........

• ¿La suma total ha cambiado?............

• ¿Nos ha salido un valor exacto o han sobrado unidades?........

UNA MIRADA ANTICIPADA A LOS NÚMEROS NEGATIVOS

· *¿Podemos hacer esta resta con las regletas: 5 – 7 ......?* Normalmente los niños responden: *«¡No!».*

Imitaremos lo que hacen los arquitectos cuando construyen casas con aparcamientos subterráneos.
Las plantas por debajo del nivel 0 se escriben así: -1; -2; -3; etc.
Esto mismo también podemos representarlo en posición horizontal, si antes hemos marcado bien **la línea del 0.**

Ahora podemos intentar hacer **5 – 7.**
· En la línea del 0 empieza el 5, y va hacia la derecha.
· El 7 ha de empezar donde acaba el 5, y va hacia la izquierda.
· Después de esto, hemos llegado 2 unidades a la izquierda del signo =.

Por eso lo escribiremos así: **5 – 7 = -2**

Conclusiones:
– Es lo mismo que nos pasa si tenemos 5 euros y hemos de gastar 7. El resultado será que deberemos 2 euros.
– También pasa lo mismo si el termómetro marca 5 grados, hace mucho frío y baja 7 grados. ¿Cuánto marcará?

Los números que se sitúen a la izquierda del 0, o por debajo del 0, se llaman **negativos** y se escriben con el signo – delante.

Sitúa las regletas a partir del 0 para que representen los números siguientes: -7 -3 +6 +4 -10 -5
Después decide qué número es el mayor y qué número es el menor.

DIVISIONES Y NUEVOS SIGNOS

Decimos directamente a los alumnos:

«Dividir un número por otro es hacer lo inverso de multiplicar».
Dividir 12 por 3 significa encontrar el número que multiplicado
por 3 da 12.

Lo escribimos así: 12 : 3 = 4, o también 12 / 3 = 4 (porque 3 × 4 = 12)

Hazlo con regletas	Escríbelo
Busca el número que multiplicado por 6 da 18 (haz un rectángulo con regletas del 6 que valga 18)	..... × 6 = 18 18 : 6 = ...
¿Por qué número dividiremos 20 para obtener 5? (haz el rectángulo de valor 20 con regletas del 5)	20 : ...... = 5 Porque sé que: 5 × ...... = 20
Busca el número que dividido por 3 nos da 7	...... : 3 = 7 Porque sé que: 3 × 7 = ...

Un comentario de niños y niñas:

«Una división en el fondo funciona como una multiplicación, pero
yendo del revés».

MULTIPLICACIÓN Y DIVISIÓN, OPERACIONES INVERSAS

Interrogantes	Con regletas	Por escrito
¿Qué número, multiplicado por 6, da 30?		6 × ..... = 30
¿Por qué número hemos de multiplicar 12 para que el resultado sea 36?	(hacerlo aparte)	...... × 12 = 36
¿Por qué números hemos de dividir 24 para que el resultado sea 6?	(hacerlo aparte)	24 : ..... = 6
¿Qué número dividido por 9 da 3?	(hacerlo aparte)	...... : 9 = 3

1 x 1	2 x 1	3 x 1	4 x 1	5 x 1
1 x 2	2 x 2	3 x 2	4 x 2	5 x 2
1 x 3	2 x 3	3 x 3	4 x 3	5 x 3
1 x 4	2 x 4	3 x 4	4 x 4	5 x 4
1 x 5	2 x 5	3 x 5	4 x 5	5 x 5

1^2	1 x 1
2^2	2 x 2
3^2	3 x 3
4^2	4 x 4
5^2	5 x 5
6^2	6 x 6

1	2	3	4	5	6
2	4	6	8	10	12
3	6	9	12	15	18
4	8	12	16	20	24
5	10	15	20	25	30
6	12	18	24	30	36

DESCOMPOSICIÓN DE NÚMEROS EN FACTORES

1 Construye, con las regletas, todos los productos que puedas de un valor total de 24.

6 × 4

4 × 6

3 × 8   8 × 3

Aún te faltan algunos, como el 12 × 2, etc.

2 Pon el 3 × 8 encima del 8 × 3 y explica si tienen el mismo valor y la misma forma.

....

Haz lo mismo con el 6 × 4 y el 4 × 6.

....

¿Y con el 12 × 2 y el 2 × 12?...............
¿Y con el 24 × 1 y el 1 × 24?...............

¿Crees que toda descomposición factorial tiene otra equivalente?..........
Pruébalo con el 25.

AGRUPANDO LOS NÚMEROS DE DIFERENTES MANERAS PARA MULTIPLICAR Y DIVIDIR

Ejemplo: 16 : 8 × 5 × 4 : 2

En el orden en que nos han dado las operaciones, tendremos que hacer:

16 : 8 = 2 // 2 × 5 = 10 // 10 × 4 = 40 // 40 : 2 = 20

> 1. Si agrupamos primero algunos números quizá será más fácil, pero... ¿cambiará el resultado?

• Una manera de agrupar los números: (16 : 8) reunimos 5 × (4 : 2)

Escribe los resultados parciales y el resultado final:

.... × 5 × .... = ...

• Otra manera de agruparlos:
Primero podemos hacer 5 × 4, poner el resultado y después hacer las dos divisiones que quedan:

.... × 5 × ....

• Ahora pensad vosotros otra manera de agrupar los números y escribidla.
¿Creéis que el resultado cambiará cuando se agrupen los números de otra manera diferente?

....

> 2. ¿Podemos agrupar las multiplicaciones y divisiones de la manera que más nos convenga?

1ª agrupación A: (16 : 8) × 5 × (4 : 2)   2ª agrupación B: (16 : 8 : 2) × (4 × 5)

Preguntas:

• ¿Qué puede haber pensado una persona para escoger la primera?

....

• ¿Qué puede haber pensado una persona para escoger la segunda?

....

COMBINANDO PRODUCTOS CON SUMAS Y RESTAS

1 EJEMPLO DE UN CASO MUY FRECUENTE, RESUELTO DE DOS MANERAS DIFERENTES:

$$3 \times (2 + 4)$$

Si hacemos $3 \times 2 = 6$, y después le sumamos 4, tendremos .... | SOLUCIÓN: 10

Si primero sumamos $2 + 4 = 6$ y después hacemos 6×3, tendremos .... | SOLUCIÓN: 18

¿Cómo podemos saber qué operación hay que hacer primero?

En la primera manera de calcular hemos hecho como si el paréntesis no estuviera, o sea $3 \times 2 + 4$.

En la segunda, hemos resuelto primero la suma del paréntesis y después hemos hecho la multiplicación.

¿Han dado el mismo resultado?..................

¿Podemos tener en cuenta el paréntesis o hacer como si no estuviera, a nuestro capricho?

¡Pero los paréntesis son muy importantes y siempre hemos de hacerles caso!

¡Les haremos caso! ¿Pero cómo?

2 DOS MANERAS DE HACER LAS OPERACIONES TENIENDO EN CUENTA EL PARÉNTESIS

Seguimos con el ejemplo $3 \times (2 + 4)$

1. Sumar primero lo que hay dentro del paréntesis y multiplicar el resultado por 3	2. Multiplicar cada sumando por 3 y después sumar los resultados
$2 + 4 = 6$ $6 \times 3 = 18$	$3 \times 2 = 6$ $3 \times 4 = 12$ $6 + 12 = 18$

Las dos maneras de hacer las operaciones, ¿nos han dado los mismos resultados? ¿Sabes por qué? Explícalo.

MULTIPLICAR POR 10, 100, 1.000...

1 Completa esta tabla y observa qué pasa:

X	1	10	100	1.000
1				
10		100	1.000	
100				100.000
1.000				

2 Rellena la tabla con los resultados que creas que saldrán y después haz las comprobaciones con la calculadora.

X	1	10	100	1.000
3				
30				
300				
3.000				

3 ¿Podrías sacar alguna conclusión de estos resultados?

4 Rellena esta tabla. ¿Los productos están desordenados?

X	100	1.000	10.000	10
14				
79				
308				
2.546				
567				

UNA MULTIPLICACIÓN CON NÚMEROS GRANDES

Una multiplicación con números de dos o más cifras es la misma operación que con números pequeños. Por tanto, para multiplicar dos números siempre se trata de construir un rectángulo, en el cual las longitudes de los lados son el valor de los dos factores a multiplicar.

Por ejemplo, 23 × 15.

Hemos de hacer, con las regletas, un rectángulo de 22 unidades de largo por 15 de ancho. Mira el esquema inferior, lee las explicaciones de todos los pasos y completa sus expresiones numéricas en la última columna.

Las cuatro partes que forman el rectángulo total	Expresión numérica de lo que vamos realizando
Hacemos un rectángulo de 20 × 10, que sale de multiplicar «las decenas por las decenas» (dos de un número por una del otro). Resultan dos placas de centena.	20 x 10 = 200
Un rectángulo de 10 × 3, que corresponde a «decenas por unidades» y que valdrá tres decenas. Lo ponemos al lado del primero.	
Un rectángulo de 5 × 20, que corresponde a «unidades por decenas» y que estará formado por cinco veces veinte, que son diez decenas.	
El último rectángulo de 3 × 5, que viene de multiplicar «las unidades por las unidades». Lo hacemos con tres regletas del 5 o con cinco del 3.	
Para saber el valor total de la multiplicación, hemos de reunir todos los rectángulos en uno solo. Suma los resultados obtenidos.	**Total:**

Esquema:

ALGUNAS FRACCIONES

Tenemos la siguiente operación escrita: 15 : 5 = 3. Vamos a representarla con las regletas, con un rectángulo y haciendo una fila.

También la podemos escribir así: 5 × 3 = 15.
¿Sabéis otras maneras de hacerlo?...

• ¿Cuántas veces cabe el 5 en el 15?..
Dilo con palabras y después con números.

• Formad las 2/3 partes de 15 con las regletas.

Con números y el signo 2/3 de 15 = ...

• Ahora haced lo mismo con las 2/3 partes de 6.

2/3 de 6 = ...

• ¿Por qué si los dos resultados valen 2/3 no han salido iguales?

• Buscad, con las regletas, los números que cumplan estas condiciones:

-    Que sus 2/5 partes sean 6.

-    Que sus 3/4 partes sean 12.

MÚLTIPLES Y DIVISORES

• Intenta formar los números que te damos con regletas iguales, es decir, del mismo color cada vez, y di si es posible o no.

Número	Regletas	¿Es posible?	CONCLUSIÓN
15 Con el 4		NO	El 15 NO es múltiplo de 4
15 Con el 5			El 15 SÍ que es múltiplo de 5
15 Con el 7			
20 Con el 4			
20 Con el 5			
20 Con el 7			

• Teniendo en cuenta estos resultados, responde:

    El 15, ¿es múltiplo de 4? ¿Y de 5? ¿Y de 7?
    El 20, ¿es múltiplo de 4? ¿Y de 5? ¿Y de 7?
    El 4, ¿es divisor de 15? ¿Y de 20?
    El 5, ¿es divisor de 15? ¿Y de 20?
    El 7, ¿es divisor de 15? ¿Y de 20?

• Forma con regletas algunos múltiplos diferentes de 3, de 6 y de los números que tú quieras, y escríbelo debajo.

• Busca dos números que sean múltiplos de 4 y de 10 al mismo tiempo.

• Busca con las regletas dos números que sean divisores de 18 y de 30.

RELACIONES ENTRE CUADRADOS

(1) Haz con las regletas las relaciones que se indican y responde las preguntas.

6 es el doble de 3   4 es el doble de 2   6 es el triple de 2

Crees que...

¿6 es el doble de 3? ¿4 es el doble de 2?

¿Cuántas veces cabe el 2 en el 6?

(2) Haz más ejemplos con las regletas que tú creas conveniente y responde:

Si un número es el doble de otro, ¿cuántas veces el cuadrado del primero contiene el cuadrado del segundo?

Si un número es el triple de otro, ¿cuántas veces el cuadrado del primero contiene el cuadrado del segundo?

Si un número es cinco veces otro, ¿cuántas veces el cuadrado del primero contiene el cuadrado del segundo?

(3) Piensa primero sin regletas y escribe las respuestas.
Después compruébalas con las regletas.

¿Cuántos cuadrados de 3 caben en el cuadrado de 9?

¿Cuántos cuadrados de 2 caben en el cuadrado de 8?

Y ¿cuántos de 2 en el cuadrado de 10?

¿Cuántos cuadrados de uno, o sea, unidades, caben en el cuadrado de 10?

¿Tiene esto alguna relación con el hecho de que al cuadrado de 10 se le llame *centena*?

CÓMO CRECEN LOS CUADRADOS

Los números crecen de uno en uno: para pasar de un número al siguiente siempre hemos de añadirle uno.

1 ¿Pasa lo mismo con los cuadrados? Lo puedes investigar.

Del cuadrado de 2 al de 3 falta: dos veces el 2 y un 1.
Del de 3 al de 4 falta:
Del de 4 al de 5 falta:

Escribe la conclusión a la que has llegado:

Para pasar del cuadrado de un número al cuadrado del número siguiente cada vez hace falta añadirle..

2 Continúa la serie de los valores de los cuadrados hasta donde tú quieras, y debajo de la cantidad que hace falta añadirle cada vez para pasar de cada uno al siguiente:

1   2   3   4   5   6   7

1   4   9   16   25
   3   **5**   **7**   **9**

¿Cómo es esta última serie de números?

3 Piensa directamente, sin contar cuánto vale cada cuadrado, qué cantidad deberíamos añadirle al 12 para que llegara al valor de 13.

SUMA DE NÚMEROS TRIANGULARES CONSECUTIVOS

Llamamos *números triangulares* a los que se forman sumando tres o más números consecutivos o seguidos, empezando por el 1 y puestos de la siguiente manera:

• Formad los dos primeros (con 1, 2 y 3 / 1, 2, 3 y 4).

A ver si encontráis la manera de ponerlos juntos para que entre los dos formen un cuadrado.

• Ahora haced lo mismo con el del 1 al 4 y el del 1 al 5.

También sale un cuadrado, ¿o no?

• Seguid probando con otras parejas de números cuadrados consecutivos.

¿Qué observáis?

• Buscad dos números triangulares que juntos puedan formar el cuadrado de 7.

• Sin necesidad de hacerlo con las regletas, pensad cuáles serían los que juntos formarían el cuadrado de 12 y escribidlos como los hemos escrito en la segunda pregunta.

PASO DE UN CUADRADO AL QUE HACE DOS UNIDADES MÁS DE LADO

· Coged con las regletas un cuadrado del 2 y ponedlo encima de uno del 4, bien situado en el medio.

Buscad cuatro regletas iguales que convenientemente puestas alrededor del cuadrado del 2 lleguen a cubrir todo el del 4.

· Hacedlo de manera parecida con otros cuadrados de dos números que se diferencien en dos unidades, por ejemplo 5 y 7, 3 y 5, 8 y 10, etc.

Observad qué pasa cada vez y contestad la pregunta:

· ¿De qué medida han de ser, cada vez, las cuatro regletas iguales que añadiremos?

....

· Escribid una frase bien redactada para explicar la ley general que se cumple. Pensadla bien antes de escribirla.

....

....

LA RAÍZ CUADRADA

CON LAS REGLETAS

Haz lo que te dicen y después escríbelo.

1 Haz la raíz cuadrada de 12. Para ello coge 12 unidades sueltas y forma un cuadrado empezando con una y añadiéndole progresivamente las otras por los lados de la derecha y por debajo.

$$\sqrt{12} = \ldots \text{ y sobran} \ldots$$

2 Ahora haz la del 25. Sólo tienes que recordar la tabla de multiplicar para encontrar un número cuyo cuadrado sea 25. Pon directamente el resultado.

$$\sqrt{25} = \ldots \text{ (porque 5} = \ldots)$$

3 Haz también la raíz cuadrada de 53. En la tabla no hay ningún número que vaya bien. Tendrás que buscar el cuadrado que se acerque más al 53. ¿Qué te parece el 7, ya que sabemos que 7 × 7 es 49?

$$\sqrt{53} = \ldots \text{ y el resto es} \ldots$$

¿Sabes explicar por qué? . . . .

4 Ahora ya puedes hacer la de 184, situando 184 unidades de manera que formen un cuadrado o se acerquen bastante.

CONSTRUCCIÓN CON EL MATERIAL	ESCRITURA NUMÉRICA
Primero coloca una centena, que ya es un cuadrado. Te quedan por colocar ..... decenas y ..... unidades.	$10^2 = 100$ $184 - 100 = 84$
Con las decenas que te quedan haz dos rectángulos iguales, uno al lado (puede ser a mano derecha) y el otro debajo. Sólo has podido colocar seis decenas. Ahora te quedan .... Con estos elementos completa el cuadrado llenando la esquina que falta, en la que ya ves que necesitas................	$2 \times 30 = 60$ $84 - 60 = 24$ $24 - 9 = 15$
Haz con las regletas todos los cambios que creas conveniente.	
¿Cuántas unidades te sobran?	**RESULTADO**
Ahora puedes escribir el resultado y el resto aquí al lado.	$\sqrt{184} = \ldots\ldots\ldots$ Resto = $\ldots\ldots\ldots$

LOS CUBOS, UNOS NOTABLES PRODUCTOS DE TRES FACTORES

Estos productos de tres factores se llaman cubos, porque si trabajamos con las regletas o con otros materiales que representen las multiplicaciones, tienen realmente la forma de un cubo de tres dimensiones. Se escriben con un 3 pequeño a la derecha y en la parte superior del número del que se trata. Son del mismo color que los números y los cuadrados correspondientes.

1 Hagamos el producto de 3 veces 3 × 3 , o sea de tres veces el cuadrado de 3.

$3 × 3 × 3$ $3 × 3$ **directamente 3**

2 Pon el cubo correspondiente encima de cada expresión escrita.

2

1   4   5

3 ¿Qué es más grande, un cubo del 6 o dieciocho cubos del 2? Compruébalo

NO-86

RELACIONES ENTRE CUBOS

4 es el doble de 2   6 es el triple de 2

¿Crees que 4 es el doble de 2?

¿Crees que 6 es el triple de 2?

Si un número es doble de otro, su cubo no es doble del primero sino ocho veces éste.
Si es triple de otro, su cubo no es triple del primero sino veintisiete veces éste.

CON LAS REGLETAS, experimenta y contesta:

• ¿Cuántos cubos de 5 se necesitan para hacer uno de 10?

• ¿Cuántos cubos de 3 se necesitan para hacer uno de 9?

• ¿Cuántos cubos de 2 se necesitan para hacer uno de 10?

AHORA PIÉNSALO MENTALMENTE, SIN LAS REGLETAS:

Para formar el 8, ¿cuántos cubos de 4 se necesitan?

¿Y cuántos de 2? ¿Por qué?

¿Cuántos centímetros cúbicos hay en un decímetro cúbico?

¿Por qué?

¿Y en un metro cúbico? ¿Por qué?

NO-88

CÓMO CRECEN LOS CUBOS

Los números crecen de uno en uno. Los cuadrados crecen más que los números. ¿Y los cubos?

1 Investígalo.

Del cubo de 3 al de 4, le falta:
Tres veces un 3^2, tres veces un 3 y un 1 en la esquina, como siempre.

Repite la experiencia mirando qué le falta al cubo de 5 para pasar al de 6.

Escribe la conclusión a la que has llegado:

> Para pasar del cubo de un número al cubo del número siguiente cada vez hay que añadir:
> ....
> ....

2 Continúa la serie de los valores de los cubos hasta donde tú quieras, y debajo la de la cantidad que hay que añadir cada vez para pasar de cada uno al siguiente.
Debajo escribe las diferencias entre los números de la nueva fila que has hecho.

1	8	27	...	...	...	...
	7	19	...	...	...	...
		12	...	...	...	...

3 ¿Qué observas en la tercera fila? Explícalo.